de Pay

# Die Organisation von Innovationen

# neue betriebswirtschaftliche forschung

Unter diesem Leitwort gibt GABLER jungen Wissenschaftlern die Möglichkeit, wichtige Arbeiten auf dem Gebiet der Betriebswirtschaftslehre in Buchform zu veröffentlichen. Dem interessierten Leser werden damit Monographien vorgestellt, die dem neuesten Stand der wissenschaftlichen Forschung entsprechen.

Diana de Pay

# Die Organisation von Innovationen

## Ein transaktionskostentheoretischer Ansatz

**GABLER**

CIP-Titelaufnahme der Deutschen Bibliothek

**Pay, Diana de:**
Die Organisation von Innovationen : e.
transaktionskostentheoret. Ansatz / von Diana
de Pay. – Wiesbaden: Gabler, 1989
  (Neue betriebswirtschaftliche Forschung; 51)
  Zugl.: Bonn, Univ., Diss., 1988

NE: GT

Der Gabler Verlag ist ein Unternehmen der Verlagsgruppe Bertelsmann

ISBN-13: 978-3-409-13407-1      e-ISBN-13: 978-3-322-87965-3

DOI: 10.1007/978-3-322-87965-3

# Geleitwort

Die vorliegende Arbeit hat sich die Aufgabe gestellt zu klären, welche Organisationsformen für die innovatorische Tätigkeit von Unternehmen besonders geeignet sind. Sie kommt zu einem klaren Ergebnis: Neue Produkte und grundlegende neue Prozesse werden in Zentrallabors entwickelt, dann in Sparten eingegliedert oder in neuen Sparten gefertigt und dann in den Markt gebracht. Verbesserte Produkte und produktgebundene Verfahrensverbesserungen werden in Spartenlabors marktbezogen entwickelt und von den Sparten in den Markt eingeführt.

Methodisch geht die Arbeit neue, interessante Wege:

1. Sie verwendet Fallstudien, um die Transaktionskosten von Innovationen zu erfassen.
2. Sie verwendet Befragungen, um die Transaktionskosten von Innovationen zu bewerten.

Die Fallstudien beruhen auf einem Konzept der Transaktionskostenartenrechnung. Die Befragungen gehen gedanklich von einem Scoring-Modell aus, das mit Hilfe der Delphi-Methode zur Messung der Transaktionskosten eingesetzt wird.

Der theoretische Hintergrund der Arbeit ist die Transaktionskostentheorie, insbesondere die drei Prinzipien: transaktionsspezifische Investitionen, Externalitäten und Dekompositionsprinzip. Vor allem das Dekompositionsprinzip ist für die Arbeit und ihre Unterscheidung in Zentrallabor und Spartenlabor von grundsätzlicher Bedeutung.

Die Verfasserin entwickelt Gleichungen für die Transaktionskosten der Innovation. Ein wichtiges methodisches Hilfsmittel sind auch die Koordinationsprofile, mit denen die Erfolgswahrscheinlichkeit von Innovationen beurteilt werden soll. Die Autorin führt Kostenvergleiche und Sensitivitätsanalysen durch, mit denen die Stabilität der organisatorischen Lösung überprüft wird. Interessant sind auch die Beschäftigungseffekte von Innovationen, die anhand der Interviewergebnisse nachgewiesen werden.

In der Literatur ist immer noch umstritten, ob der Transaktionskostenansatz betriebswirtschaftlich fruchtbar gemacht werden kann. Die vorliegende Arbeit leistet einen wichtigen Beitrag in dieser Diskussion. Sie zeigt, daß Transaktionskostenarten klar unterschieden werden können und daß diese Transaktionskostenarten auch in der Praxis verstanden werden. Sie zeigt, daß das Mengengerüst der Transaktionskosten grundsätzlich feststellbar ist. Im vorliegenden Falle wird noch ein qualitativer Ansatz zur Messung des Mengenverbrauchs gewählt, doch dies ist nur ein erster Schritt. Auch das Wertgerüst der Transaktionskosten läßt sich, wie die Verfasserin zeigt, ermitteln. In der vorliegenden Arbeit wird noch ein subjektiver Ansatz zur Messung des Wertgerüsts benutzt, doch wird auch hier eine Basis gelegt, auf der weitergebaut werden kann.

Die Arbeit baut auf einem neuen theoretischen Konzept auf, sie ist in ihrer Methodik innovativ, und sie ist praxisorientiert: sie will der Praxis ein Instrumentarium an die Hand geben, mit dem Organisationsentscheidungen systematisch vorbereitet werden können.

In der Zielstrebigkeit, mit der Diana de Pay den Transaktionskostenansatz auf Entscheidungsprobleme der organisatorischen Praxis am Beispiel der Innovationstätigkeit von Unternehmen zuschneidet, sehe ich einen wesentlichen Beitrag der Arbeit zur Fortentwicklung der Transaktionskostentheorie. Ohne daß die Praxis dieses Instrument ausprobiert, werden sich weitere wesentliche Fortschritte auch in der Theorie nicht erzielen lassen. Die vorliegende Arbeit möge den Unternehmen die Entwicklung und den Einsatz von Transaktionskostenrechnungen erleichtern.

HORST ALBACH

# Vorwort

Da die Bedeutung von Innovationen für das Wachstum eines Unternehmens unbestritten ist, stellt sich die Frage, wie man die Innovationsfähigkeit von Unternehmen steigern kann. Einen wichtigen  Beitrag dazu leistet die Organisation von Innovationen. Diese bildet den Untersuchungsgegenstand dieses Buches, das konkret eine Antwort auf die Frage zu finden sucht, ob eine zentrale oder eine dezentrale Forschungsorganisation für unterschiedliche Innovationsarten geeigneter ist . Als einem ersten Ansatz erfolgt die Beantwortung durch einen Vergleich der bei der Entwicklung entstehenden Kosten. Es wird angenommen, daß es vor allem Kosten für die Beschaffung von Informationen und für die Überwindung von Innovationswiderständen sind, die bei der Innovationsorganisation eine Rolle spielen und deswegen erfaßt werden müssen.

Nachdem eine kostenminimale Aufteilung der Innovation auf ein Zentral- und auf Spartenlabors abgeleitet wird, werden die Ergebnisse für mittelständische Unternehmen modifiziert, da diese einen großen und wichtigen Anteil an der Gesamtzahl der Unternehmen in Deutschland stellen. Mittelständische Unternehmen sind nicht einfach nur kleiner als Großunternehmen, sondern sie weisen spezifische Merkmale auf, denen eine Forschungsorganisation Rechnung tragen muß.

Herzlich möchte ich mich bei meinem Doktorvater, Herrn Professor Dr. Dres h.c. Horst Albach, bedanken, der die Fertigstellung dieser Arbeit durch die Bereitstellung von Informationen ermöglichte, bei meiner Familie, die meine Innovationsbereitschaft sicherte, und bei meinen Kindern, die mir mit viel Vitalität immer wieder zeigten, was wirklich wichtig ist.

DIANA DE PAY

# Inhaltsverzeichnis

# Schaubildverzeichnis



# Tabellenverzeichnis

# A. Einleitung

## I. Aufgabenstellung

Ausgehend von der Auffassung, daß der Bezugspunkt organisationstheoretischer Forschung "einzelne praktische Organisationsprobleme (sind), zu deren Lösung dem Organisator generelle Orientierungshilfen in Form sog. praxeologischer Aussagen vermittelt werden sollen",[1] steht im Mittelpunkt dieser Arbeit das Problem der Organisation von Innovationsprozessen in Unternehmen. Die dazu notwendigen organisatorischen Regelungen werden untersucht mit dem Ziel, Aussagen darüber zu treffen, wie diese Regelungen gestaltet werden sollten, damit sie ihre "Sachaufgabe", die Durchführung von Innovationsprozessen, optimal erfüllen.[2] Diese Sachaufgabe ist für das Wachstum eines Unternehmens von großer Bedeutung, wenn nicht sogar seine Voraussetzung.[3] Ohne einer genauen Abgrenzung des Begriffes Innovation vorgreifen zu wollen, die im nächsten Kapitel erfolgt, kann man sagen, daß durch eine Innovation technischer Fortschritt im Unternehmen verwirklicht wird, der sich ausdrücken kann in der Herstellung verbesserter oder völlig neuartiger Produkte, in der Verbesserung vorhandener oder in der Einführung völlig neuartiger Produktionsmethoden.[4] Alle diese Spielarten des technischen Fortschritts sind wichtige Instrumente des Unternehmens zur Erzielung von Wettbewerbsvorteilen gegenüber seinen Konkurrenten. Nur durch eine den Wandlungen des Bedarfs angepaßte Produktgestaltung und durch eine rationelle Fertigungsweise, die wiederum eine moderate Preispolitik erlaubt, ist dem Unternehmen ein Überrunden der anderen Wettbewerber möglich. Vollzieht sich dieses Überrunden nicht nur einmal, sondern während eines längeren Zeitraums, so sind die Voraussetzungen für eine marktbeherrschende Stellung[5] geschaffen, die wiederum zu einem Wachstum des Unternehmens führen kann. Dabei ist die Festlegung des Zeitpunktes, in dem ein Unternehmen ein neues Produkt auf

---

1    Vgl. Kubicek, Herbert (1975), S. 13.
2    Vgl. Gutenberg, Erich (1962), S. 101.
3    Vgl. Schmalholz, H. (1986), S. 5.
4    Vgl. Gutenberg, Erich (1966), S. 381.
5    Vgl. Gutenberg, Erich (1966), S. 408.

den Markt bringt, bzw. die Festlegung der damit verbundenen Forschungsausgaben eine strategische Entscheidung eines Unternehmens. Albach[1] macht in seinem Wachstumsmodell diese strategische Entscheidung von einer kritischen Wachstumsrate und einem 'Trägheitsgrad' gegenüber Abweichungen von dieser Wachstumsrate abhängig. Er zeigt, daß ein Unternehmen sich dann auf einem Wachstumspfad befindet, wenn es seine kritische Wachstumsrate hoch ansetzt, und wenn sein Trägheitsgrad niedrig ist, d.h. wenn es also rechtzeitig und schnell ein Nachfolgeprodukt entwickelt und anbietet.

In seiner Weiterentwicklung dieses Modells stellt Kieser ähnliche Kausalketten auf, um den Zusammenhang zwischen Innovationen und dem Wachstum einer Unternehmung zu erklären.[2] Innovationen sind das Ergebnis erfolgreich durchgeführter Forschungs- und Entwicklungsarbeiten und bestehen entweder in Produkt- oder in Verfahrensinnovationen. Produktinnovationen ermöglichen die Erzielung von 'windfall-profits', die dann zum Umsatzwachstum beitragen, wenn diese Erträge nach Abzug eines Mindestgewinns wiederum zur Förderung des Umsatzes verwandt werden.

Verfahrensinnovationen andererseits ermöglichen nach erfolgreicher Einführung im Produktionsprozeß eine Reduzierung der Produktionskosten. Werden diese Kostenvorteile im Preis weitergegeben, so kann diese Preissenkung zu einer Steigerung des Umsatzes führen.

Zum Beweis dieser Kausalketten führt Kieser eine Reihe von Studien an, die die Beziehungen zwischen einzelnen Variablen dieser Ketten empirisch testen. Stellvertretend für alle sei hier die Untersuchung von Brockhoff zitiert.[3] Brockhoff analysiert die Umsatzent-

---

1    Vgl. Albach, Horst (1965).
2    Vgl. Kieser, Alfred (1970), S. 48ff.
3    Vgl. Brockhoff, Klaus (1966), S. 156ff.

wicklung mehrerer deutscher Automobilfirmen. Durch die Schätzung von Regressionsgleichungen stellt er fest, daß deren Umsatzzuwächse außer von den Änderungen des Volkseinkommens als gesamtwirtschaftlichem Faktor in hohem Maße von der Zahl ihrer ausgebrachten neuen Produkte abhängig sind. Dadurch bestätigt er die Wirksamkeit der ersten Kausalkette.

Der wachstumsfördernde Effekt von Prozeßinnovationen kann auf zweifache Weise nachgewiesen werden.

Erstens werden Produktinnovationen häufig von Prozeßinnovationen begleitet, da ihre Produktion die Anwendung einer neuen Technologie erfordert.[1] In diesem Fall tragen Prozeß- und Produktinnovationen gemeinsam zu einer auf Produktgestaltung beruhenden Steigerung des Umsatzes bei.

Zweitens fand Viefers bei einer Untersuchung mittelständischer Unternehmen heraus, daß erfolgreiche Unternehmen hohe Investitionen in ihren Produktionsapparat vornehmen, und daß dies zu einer Erhöhung der Qualität ihrer Produkte führt.[2] Demzufolge kann die zweite Kausalkette von Kieser dann als belegt gelten, wenn man interpretiert, daß Prozeßinnovationen das Angebot einer höheren Produktqualität zu gleichem Preis und so eine Umsatzsteigerung ermöglichen.[3]

Albach stellt die einzelwirtschaftliche Bedeutung von Innovationen in einen größeren Rahmen, indem er aufzeigt, daß Innovationen nicht nur das Wachstum des einzelnen Unternehmens, sondern auch das Wachstum und die internationale Wettbewerbsfähigkeit einer Volkswirtschaft insgesamt fördern.[4] Und auf diese Art und Weise kommen sie wiederum dem einzelnen Unternehmen zugute, indem sie zur Verbesserung seiner Rahmenbedingungen durch Wohlstand und Vollbeschäftigung beitragen.

---

1 Vgl. Schmalholz, H. (1985), S. 8ff.
2 Vgl. Viefers, Ulrich (1986), S. 168.
3 Da für diese Arbeit der Zusammenhang zwischen Innovationen und Unternehmenswachstum von untergeordneter Bedeutung ist, sei an dieser Stelle nur auf die ausführlichen Literaturangaben in: May, Eva (1980) verwiesen.
4 Vgl. Albach, Horst (1983), S. 9.

Diese Ausführungen mögen genügen, um die Bedeutung von Innovationen für das Wachstum eines Unternehmens aufzuzeigen. Da diese Sachaufgabe so wichtig ist, ist auch die mit ihr verknüpfte organisatorische Aufgabe wichtig. Es liegt also ein nicht unbedeutendes 'praktisches Organisationsproblem' vor, um den Bogen zum Anfang dieses Kapitels zu spannen. Seine Untersuchung und die Erarbeitung 'genereller Orientierungshilfen' sind die Aufgaben dieser Arbeit.

## II. Untersuchungsziele und -vorgehen

Als roter Faden durch die Arbeit möge die folgende Zusammenstellung ihrer Untersuchungsziele und der dazu angewandten Vorgehensweise dienen.

Es wird versucht, Gesetzmäßigkeiten darüber abzuleiten, wie Innovationen am günstigsten organisiert werden können. Dazu wird die Innovationsorganisation als Transaktion aufgefaßt, so daß die Gesetze der Transaktionskostentheorie angewandt werden können. Um dies zu ermöglichen, werden die folgenden Arbeitsschritte vollzogen:

1. Eine Klärung der wichtigsten Begriffe, die in dieser Arbeit gebraucht werden.
2. Die Ableitung einer Abfolge von Organisationsschritten zur Gewinnung einer Produkt- und einer Prozeßinnovation.
3. Die Zuordnung von Transaktionskosten zu den einzelnen Organisationsschritten als Grundlage eines Transaktionskostenvergleiches alternativer Organisationsformen.
4. Die Darstellung der wichtigsten Gesetzmäßigkeiten der Transaktionskostentheorie.
5. Die Ableitung von Hypothesen über die Übertragung von Aufgaben und Zuständigkeiten im Innovationsprozeß.
6. Die Begründung dieser Hypothesen durch
   a. einen Koordinationskostenvergleich zwischen Zentrallabor und Spartenlabor,
   b. eine Auswertung von Interviewergebnissen.
7. Die Übertragung der Hypothesen auf die Organisation von Innovationen in mittelständischen Unternehmen.

Um Gesetzmäßigkeiten über eine optimale Organisation von Innovationen aufzustellen und diese kostenmäßig zu begründen, hätte man auch andere Organisationstheorien und deren Gesetze zur Innovationsorganisation heranziehen können. Dazu hätte man sich die Gesetze heraussuchen müssen, deren Gültigkeit auf Kostengesichtspunkten fußt. Jedoch sind bisher von anderen Organisationstheorien außer der Transaktionskostentheorie kaum solche Gesetzmäßigkeiten aufgestellt worden, da diese Theorien andere Zielkriterien anwenden. Deswegen wurde in dieser Arbeit nicht der Weg der Literaturanalyse beschritten, sondern der der empirischen Forschungsstrategie.

Eine empirische Forschungsstrategie geht so vor, daß sie Aussagen gewinnt, die sich auf die Realität beziehen sollen, daß sie sich systematisch mit diesen Aussagen beschäftigt und dann diese Aussagen mit der Realität konfrontiert.[1] Zur Erreichung der ersten Strategiekomponente werden Fallstudien durchgeführt. Fallstudien eignen sich als Einstiegsmöglichkeit in ein organisatorisches Problem, da sie eine Fülle von Anregungen bieten, ohne den Anspruch zu erheben, "eine Frage abschließend zu klären oder gar eine Theorie zu testen."[2] Auch in dieser Untersuchung dienen sie als Basis zur Erarbeitung eines Instrumentariums, mit dessen Hilfe die Hypothesen formuliert und getestet werden.

Der zweite Teil der empirischen Forschungsstrategie, nämlich die Konfrontation mit der Realität, wird herbeigeführt mittels der Durchführung von Interviews, was die zweite methodische Vorgehensweise dieser Arbeit darstellt.

---

1    Vgl. Kubicek, Herbert (1975), S. 32.
2    Kubicek, Herbert (1975), S. 61.

Die empirische Forschungsstrategie wird gewählt, weil sie am ehesten zu Orientierungshilfen für ein Organisationsproblem führt, auch wenn man bei empirischer Forschung immer Gefahr läuft, daß die Antworten auf Fragen an die Empirie nicht immer so ausfallen, wie der Frager sich das vorstellt, und er nur daraus die Konsequenz ziehen kann, seine Fragen besser zu formulieren.[1] Dem dient eine klare Fassung der verwandten Begriffe, was im folgenden Abschnitt versucht wird.

## III. Begriffliche Abgrenzung

### a. Organisation

Die organisatorische Aufgabe ist eine von vielen Aufgaben eines Unternehmens, wie z.B. die technische, finanzielle, akquisitorische oder kontrollierende Aufgabe, die bewältigt werden muß zur Erreichung der Unternehmensziele. Sie weist jedoch die Besonderheit auf, daß sie das Beziehungs- und Strukturgeflecht knüpft, das die anderen Aufgaben zu ihrer Erfüllung benötigen. Ohne organisatorische Regelungen können die anderen Sachaufgaben nicht erfüllt werden.[2]

Deswegen wird Organisation in Anlehnung an die Definition von Gutenberg als ein System von Regeln und Regelungen verstanden, das den anderen unternehmerischen Aufgaben zu ihrer Erfüllung verhilft.[3]

Eine ähnliche Auffassung vertreten Kieser und Kubicek, wenn sie eine Organisationsstruktur kennzeichnen als eine "Menge von Regelungen für die Aktivitäten der Organisationsmitglieder, die auf am Organisationsziel orientierten Zweckmäßigkeitsüberlegungen beruhen

---

1   Vgl. Kieser, Alfred; Kubicek, Herbert (1978), S. 124.
2   Vgl. Gutenberg, Erich (1962), S. 101.
3   Vgl. Gutenberg, Erich (1962), S. 101.

und (...) durch einen offiziellen Akt oder durch Duldung autorisiert sind."[1] Da diese Definition aber eine Reihe von Begriffen enthält, wie "Organisationsziel" oder "autorisiert", die selbst der Definition bedürfen, wird der Gutenberg'schen Definition der Vorzug gegeben.

Organisatorische Regelungen ordnen nicht nur die Beziehungen zwischen den Unternehmensmitgliedern, sondern auch die Beziehungen zwischen Unternehmen und Außenwelt. Dies geschieht erstens durch die Übertragung von Aufgaben und Zuständigkeiten auf organisatorische Einheiten, die Abteilungen. Zweitens geschieht es durch die Regelung der Verbindungen zwischen den Abteilungen. Dabei wird die Ordnung der Zuständigkeitsbereiche als Kompetenzsystem bezeichnet, die Ordnung der Verbindungen und Beziehungen zwischen den Abteilungen als das Kommunikationssystem eines Unternehmens.[2]

Zu einer ähnlichen Definition kommt Frese.[3] Nur spricht er nicht davon, daß eine Organisationsstruktur beschrieben wird durch ihr Kompetenz- und ihr Kommunikationssystem, sondern er beschreibt eine Organisationsstruktur durch die Formulierung von Entscheidungskompetenzen und die Festlegung von Kommunikationsbeziehungen. Da durch Zuständigkeitsbereiche Entscheidungskompetenzen festliegen, sind die zwei Definitionen deckungsgleich.

Bei der Gestaltung des Kompetenz- und des Kommunikationssystems sollte man immer die Vielfalt der Sachaufgaben vor Augen haben und sollte bestrebt sein, für jede Sachaufgabe ein Koordinationsmuster zu finden, das eine möglichst reibungslose Abwicklung der aufgabenbezogenen Beziehungen zwischen den Beteiligten ermöglicht.[4]

---

1 Kieser, Alfred; Kubicek, Herbert (1977), S. 15.
2 Vgl. Albach, Horst (1959), S. 243.
3 Vgl. Frese, Erich (1984), S. 315.
4 Vgl. Picot, Arnold (1982), S. 269.

## b. Innovation

Es wird in der Literatur vielfach der Versuch unternommen, Innovationen zu definieren.[1] In dieser Arbeit soll der Innovationsbegriff als ein aktiver Vorgang verstanden werden im Sinne einer "Verwirklichung neuer wirtschaftlicher Konzepte."[2] Dabei handelt es sich um die Einführung neuer Ideen[3] im Unternehmen durch die Erforschung von Problemlösungspotentialen[4], die Anwendung dieses neuen Wissens[5] im Zuge des Entwicklungsprozesses und anschließend seine Umsetzung[6] innerhalb des Unternehmens und auf dem Absatzmarkt.

Kurz gesagt, eine Innovation ist eine Unternehmensaktivität, die durch Forschung neue Ideen in das Unternehmen einführt, durch Entwicklung diese Ideen weiterverarbeitet und sie anschließend im Produktionsprozeß und auf dem Absatzmarkt ökonomisch verwertet.

Diese Definition lehnt sich an die Auffassung von Schumpeter an, der eine Innovation ebenfalls als Tätigkeit begreift, die "Faktoren auf eine neue Art kombiniert" oder die "in der Durchführung neuer Kombinationen"[7] besteht. Sie ähnelt in etwa der Definition von March und Simon, die von einer Innovation sprechen, wenn "eine Änderung die Ausarbeitung und Evaluation neuer Ausführungsprogramme erfordert."[8]

Auf jeden Fall ist eine Innovation eine Transaktion im Sinne von Williamson.[9] Von den für eine Transaktion typischen Merkmalen ist die Unsicherheit der Umwelt das Merkmal, das bei Innovationen am stärksten ausgeprägt ist. Auch Thom zählt es zu den vier dominie-

---


1 Vgl. zu den verschiedenen Innovationsbegriffen in der Literatur Zaltman, Gerald; Duncan, Robert; Holbeck, Jonny (1973), S. 16ff.
2 Albach, Horst (1983), S. 9.
3 Vgl. Strebel, Heinz; Frenzel, Hans-Joachim; Silber, Herwig; Steinhoff, Dirk (1979), S. 3.
4 Vgl. Pfeiffer, W.; Staudt, E. (1975), Sp. 1947.
5 Vgl. Schätzle, Gerhard (1965), S. 42.
6 Vgl. Grefermann, Klaus; Sprenger, Rolf-Ulrich (1977), S. 23.
7 Vgl. Schumpeter, Joseph A. (1961), S. 95.
8 Vgl. March, James G.; Simon, Herbert A. (1976), S. 163.
9 Vgl. Williamson, Oliver E. (1981b), S. 1544.

renden Merkmalen betrieblicher Innovationsaufgaben.[1] Der Unsicherheitsgrad ist bei Innovationen deswegen so hoch, weil man zum einen nicht voraussagen kann, was letztlich als Forschungsergebnis herauskommen wird, und weil man zum anderen nicht abschätzen kann, wie der Markt dieses Ergebnis aufnehmen wird.

Eine Innovation bedeutet eben die Erstellung von etwas Neuem, das sich erst in Zukunft erweisen wird. Thom weist darauf hin, daß enge Verflechtungen bestehen zwischen dem Grad an Unsicherheit und Risiko, dem Komplexitätsgrad, dem Konfliktgehalt einer Innovation und ihrem Neuigkeitsgrad in dem Sinne, daß die ersten drei Merkmale umso stärker ausgeprägt sind, je höher der Neuigkeitsgrad ist.[2]

Bei der Definition des Begriffs "neu" erhebt sich die Frage: "Neu für wen?"[3] Diese Frage wird in dieser Arbeit vom Standpunkt des Herstellers aus beantwortet. Das heißt, daß ein wirtschaftliches Konzept immer dann als neu bezeichnet wird, wenn es neu für das verwirklichende Unternehmen ist. Es muß sich nicht um eine Basisinnovation handeln, die bisher noch auf keinem Markt vertreten war,[4] sondern es wird auch dann von einer Innovation gesprochen, wenn dieses Konzept schon in anderen Unternehmen realisiert wurde. Es muß nur neu für das betrachtete Unternehmen sein.

Da eine Innovation nicht mit einem umwälzenden Neuheitscharakter behaftet sein muß, ist davon auszugehen, daß sie auch mehrmals im Unternehmen auftreten wird. Man kann sie also als Transaktion in unsicherer Umwelt bezeichnen, wobei Transaktionen dieser Art häufiger durchgeführt werden. Dabei kann man, ähnlich wie bei Thom, ihren Neuheitsgrad als Dreh- und Angelpunkt benutzen. Je höher der Neuheitsgrad einer Innovation ist, desto mehrdeutiger ist ihre Transaktionssituation, desto unsicherer ist ihre Umwelt und desto geringer ist ihr Häufigkeitsgrad.

1    Vgl. Thom, Norbert (1980), S. 23ff.
2    Vgl. Thom, Norbert (1980), S. 31.
3    Vgl. Biehl, Werner (1981), S. 29.
4    Vgl. Mensch, Gerhard (1976), S. 69.

Desweiteren kann eine Innovation als <u>Innovationsprozeß</u> aufgefaßt werden. Dieser Prozeß wird in der Literatur sehr häufig in drei Phasen unterteilt, nämlich in die Phasen der Ideengenerierung, der Ideenakzeptierung und der Ideenrealisierung.[1] Ferner wird angenommen, daß in den einzelnen Phasen unterschiedliche Faktoren den Innovationsprozeß beeinflussen, woraus gefolgert wird, daß auch unterschiedliche Organisationsstrukturen für die einzelnen Phasen geschaffen werden müssen.[2]

In dieser Arbeit wird jedoch die Auffassung vertreten, daß unabhängig von der jeweiligen Phase, in der sich der Innovationsprozeß befindet, für seinen Ablauf entscheidend sind die Innovationsfähigkeit und die Innovationsbereitschaft der ihn betreibenden Mitarbeiter. Die Innovationsfähigkeit hängt ab von der Menge an Informationen, die dem einzelnen Mitarbeiter zuteil werden. Die Innovationsbereitschaft wird bestimmt durch das Ausmaß, in dem Widerstände der Beteiligten gegen die Innovation überwunden werden.

Diese beiden Faktoren treiben den Innovationsprozeß von Anfang bis Ende an. Betrachtet man seine zeitliche Abfolge, so müssen zuerst Informationen über neue Ideen vorliegen. Diese Informationen werden aufgegriffen, wenn die Notwendigkeit für eine Neuerung erkannt wird, z.B. weil die Umsätze der alten Produkte zurückgehen.

Die Informationen über neue Ideen müssen auf Informationen über ihre technische und wirtschaftliche Realisierbarkeit treffen. Erst wenn man die technischen Erfordernisse kennt, wenn die Finanzierung geklärt und wenn die personellen Anforderungen bekannt sind, können neue Ideen zu neuen Verfahren oder neuen Produkten entwickelt werden.

Anschließend werden diese Innovationen nur dann erfolgreich im Produktionsprozeß eingesetzt, wenn die Mitarbeiter bereit sind, mit den neuen Verfahren zu arbeiten, und sie werden nur dann erfolg-

---

1 Vgl. Thom, Norbert (1980), S. 53.
2 Vgl. Thom, Norbert (1980), S. 243ff.

reich am Markt verkauft, wenn die Mitarbeiter tatkräftig den Absatz fördern und die Nachfrager von der Güte des neuen Produktes überzeugen.

Und zur Abrundung dieser Darstellung sei gesagt, daß der Innovationsprozeß nur dann erfolgreich zu Ende geführt werden kann, wenn ebenfalls die Faktoren Innovationsfähigkeit und -bereitschaft zusammenspielen, nämlich, wenn Informationen über Innovationskonkurrenz vorliegen, und wenn die Bereitschaft besteht, diese Informationen zu verwerten.

Diese skizzenhafte Beschreibung des Innovationsprozesses möge hier genügen, um das Zusammenwirken der beiden Faktoren Innovationsfähigkeit und Innovationsbereitschaft zu erläutern. Eine detaillierte Auflistung der einzelnen Faktoren kann bei Albach nachgelesen werden.[1]

Außer durch die Definition des Innovationsbegriffes und durch die Beschreibung ihrer Merkmale und ihres Prozesses kann eine Innovation noch durch ihre <u>Innovationsart</u> beschrieben werden.

In der Literatur findet sich eine Vielzahl von Klassifikationsversuchen.[2] Hier wird eine Einteilung auf Grund des Innovationsergebnisses in Produktinnovationen und Prozeßinnovationen vorgenommen.

Folgt man der Definition von Brockhoff, die ein Produkt als eine "von einem Anbieter gebündelte Menge von Eigenschaften"[3] beschreibt, dann kann man eine Produktinnovation auffassen als Hinzufügung eines weiteren Produktpunktes in einen Produkteigenschaftsraum.[4] Einen Produkteigenschaftsraum erhält man, wenn man die wesentlichen Eigenschaften eines Produktes in ein Koordinatensystem einzeichnet.

<hr>


1   Vgl. Albach, Horst (1983), S. 25f.
2   Einen guten Überblick gibt Thom, Norbert (1980), S. 38ff.
3   Brockhoff, Klaus (1981), S. 3.
4   Vgl. Brockhoff, Klaus (1981), S. 11.

Eine Prozeßinnovation dagegen bewirkt eine Änderung des Prozesses der betrieblichen Leistungserstellung, d.h. in der Produktion. Legt man die Definition von Gutenberg[1] zugrunde, dann wird ein Produktionsprozeß durchgeführt, indem der dispositive Faktor die produktiven Faktoren menschliche Arbeitskraft, Betriebsmittel und Werkstoffe zu einer produktiven Einheit kombiniert. Eine Prozeßinnovation ermöglicht nun, daß geringere Mengen von produktiven Faktoren kombiniert werden müssen, um eine gegebene Anzahl an Produkten zu erstellen. Das heißt, weniger Arbeitskräfte, weniger Betriebsmittel und weniger Werkstoffe sind zur Produktion des gleichen Produktionsergebnisses erforderlich als vor der Innovation.

Da in dieser Arbeit auch dann von einer Innovation gesprochen wird, wenn das Verfahren von anderen Herstellern entwickelt wurde, aber neu in dem betrachteten Unternehmen eingesetzt wird, wird auch die Einführung eines neuen Verfahrens als Prozeßinnovation bezeichnet. Denn diese Einführung ist von so vielen Anpassungsmaßnahmen begleitet, daß sie einer Eigenentwicklung gleichzusetzen ist.

An die Definition der beiden zentralen Begriffe dieser Arbeit schließt sich eine Beschreibung wichtiger Begriffe der Transaktionskostentheorie an, deren Gedankengerüst die Verbindung zwischen diesen beiden Begriffen herstellen soll.

## c. Zentrale Begriffe der Transaktionskostentheorie

Wie schon dargelegt, wird in dieser Arbeit der transaktionskostentheoretische Ansatz zur Gewinnung von Aussagen über die Organisation von Innovationen herangezogen. Dies setzt eine Erläuterung der wichtigsten Begriffe der Transaktionskostentheorie voraus.

---

1 Vgl. Gutenberg, Erich (1967), S. 286.

## Transaktionen

Als ersten Vertreter der Transaktionskostentheorie kann man Coase betrachten, der in seinem 1937 veröffentlichten Aufsatz über das Wesen der Unternehmung die Firma als eine von mehreren möglichen Abwicklungsformen für ökonomische Aktivitäten ansah.[1] Im Mittelpunkt seiner Betrachtungen steht der Leistungsaustausch. Dieser Auffassung folgt Williamson, wenn er schreibt: "the transaction is made the basic unit of analysis"[2] Er versteht unter einer Transaktion eine Aktivität, bei der "a good or service is transferred across a technologically separable interface."[3] Auch Albach vertritt die Auffassung, daß Transaktionskosten durch die ökonomischen Aktivitäten auf Märkten oder in Unternehmen entstehen.[4]

Es besteht jedoch in der Literatur keine Einigkeit darüber, was unter einer Transaktion zu verstehen ist.[5] So vertreten neben anderen Picot und Michaelis die Meinung, daß Transaktionen die Voraussetzungen und Klärungsprozesse sind, die einem Leistungsaustausch vorangehen:[6] "Der zuvor ausgehandelte Tausch von property rights mit Hilfe eines Vertrages soll als Transaktion angesehen werden."[7]

In dieser Arbeit wird der Auffassung von Williamson und Albach gefolgt. Als Transaktion wird die unternehmerische Aktivität verstanden, für die ein organisatorisches Gerüst entworfen werden soll, das die geringsten Kosten verursacht. Es wird für leichter erachtet, die Leistung und ihre Kosten zu ermitteln, als die mit einem Leistungsaustausch verknüpften Vereinbarungsprozesse und deren Kosten. Und eine Beurteilung organisatorischer Regelungen läßt sich mittels der ersten Definition ebenso gut durchführen wie mittels der zweiten. Höchstwahrscheinlich kommt man sogar zu klareren Ergebnissen.

---

1    Vgl. Coase, R. (1937).
2    Vgl. Williamson, Oliver E. (1981b), S. 1543f.
3    Williamson, Oliver E. (1981b), S. 1544.
4    Vgl. Albach, Horst (1981), S. 720.
5    Eine ausführliche Darstellung unterschiedlicher Lehrmeinungen findet sich in: Michaelis, Elke (1985).
6    Vgl. Picot, Arnold (1982), S. 269.
7    Michaelis, Elke (1985), S. 77.

## Transaktionskosten

Die Transaktion wird auch als Bezugsgröße zur Definition der Transaktionskosten genommen. In Anlehnung an die Definition von Albach[1] werden die Kosten des Prozesses einer Transaktion als Transaktionskosten bezeichnet. Im Gegensatz dazu sind die Kosten eines Kombinationsprozesses Produktionskosten.

Vergegenwärtigt man sich, daß das Ergebnis eines Kombinationsprozesses ebenfalls in dem Transferieren eines Produktes bestehen kann, so wird offensichtlich, daß eine klare Abgrenzung zwischen Transaktions- und Produktionskosten mit Schwierigkeiten verbunden ist. Diese Schwierigkeiten können behoben werden, wenn man die jeweiligen Kostenträger klar definiert.[2]

Bei der in dieser Arbeit gebrauchten Definition wird nicht unterschieden zwischen Kosten, die durch marktliche Transaktionen verursacht, und Kosten, die durch innerbetriebliche Transaktionen ausgelöst werden. Beides sind Transaktionskosten. Im Gegensatz dazu bezeichnen Schmitz und Weimer nur die Kosten marktlicher Transaktionen als Transaktionskosten, während die Kosten innerbetrieblicher Koordinationskosten als Koordinations- bzw. Organisationskosten aufgefaßt werden.[3] Diese Unterscheidung leuchtet nicht ein, da doch in beiden Fällen das Wesen des kostenverursachenden Tatbestandes das gleiche ist, nämlich die Transaktion. Deswegen wird in dieser Arbeit diese Unterscheidung nicht gemacht.

Dem besseren Verständnis von Transaktionskosten dient ihre Einteilung in Transaktionskostenarten. Transaktionskosten lassen sich nach Albach so einteilen:


1   Vgl. Albach, Horst (1986b), Blatt 1.
2   Vgl. Albach, Horst (1986b), Blatt 2.
3   Vgl. Schmitz, Rudolf (1988), S. 221; Weimer, Theodor (1987), S. 17.

1. Such- und Selektionskosten entstehen bei der Informationssuche nach Handlungsalternativen.
2. Informationskosten im engeren Sinn entstehen durch Verluste bei der Informationsweitergabe.
3. Entscheidungskosten entstehen durch die Abstimmung zwischen den Entscheidungsträgern.
4. Aushandlungs- und Vergleichskosten entstehen durch den Vergleich unterschiedlicher Handlungsalternativen.
5. Kontrollkosten entstehen durch die Sicherung der Durchführung der geplanten Transaktionen.
6. Vertrauens- bzw. Disincentivekosten entstehen durch die Abstimmung der Interessen der Unternehmensmitglieder untereinander und durch die Abstimmung dieser Interessen mit den Unternehmenszielen.

Diese Kostenartenspezifizierung läßt erkennen, daß bei allen Kostenarten, nicht nur bei den Informationskosten und den Vertrauenskosten, die Beschaffung von Informationen und der Einsatz vertrauensbildender Überzeugungsmaßnahmen sehr wichtige kostenverursachende Faktoren darstellen. Der bewertete Verzehr von Informationen und Überzeugungsmaßnahmen stellt also einen Hauptbestandteil der Transaktionskosten dar.

Um kostenminimale Abwicklungen von Transaktionen bestimmen zu können, müssen die Kosteneinflußgrößen ermittelt werden. Dabei sollte man sich auf die zwei Annahmen besinnen, die die Transaktionskostentheorie über das Verhalten der Wirtschaftssubjekte macht. Die Transaktionskostentheorie geht erstens davon aus, daß die Wirtschaftssubjekte sich nur begrenzt rational verhalten, und zweitens davon, daß die Wirtschaftssubjekte eigene Ziele verfolgen.[1] Eine Ursache ihres eingeschränkt rationalen Verhaltens ist ihre unvollkommene Ausstattung mit Informationen.

---

1 Vgl. Williamson, Oliver E. (1981a), S. 533.

Wenn also Transaktionen eine Fülle von Informationen benötigen, weil ihre Entscheidungsgrundlagen sich laufend ändern oder Zukunftswerte einbeziehen, die sich schwer antizipieren lassen, dann verursacht die Koordination dieser Transaktionen erhöhte Kosten. Desweiteren entstehen hohe Transaktionskosten, wenn es sich um einen speziellen Leistungsaustausch handelt, der zu seiner Koordination einen Interessenausgleich zwischen ganz bestimmten Individuen erfordert.

Aufgrund dieser Überlegungen kommt die Transaktionskostentheorie zu folgenden Hauptkosteneinflußgrößen:[1]
- die Unsicherheit der Umwelt,
- die Spezialität des Transaktionsobjektes,
- die Häufigkeit der Transaktionen und
- die rechtlichen und technologischen Rahmenbedingungen.

Zwei dieser Faktoren, nämlich die Unsicherheit der Umwelt und die Spezialität des Transaktionsobjektes, bedürfen genauerer Erläuterungen, was im folgenden geschehen soll.

Unter dem Begriff Umwelt seien alle Faktoren subsumiert, die die Entscheidungen im Unternehmen beeinflussen, die sich aber außerhalb des Unternehmens befinden.[2]

Die Umwelt wird dann als unsicher bezeichnet, wenn
1. die Anzahl dieser Entscheidungsfindungsfaktoren groß ist und die Faktoren untereinander sehr verschieden sind, und wenn
2. diese Entscheidungsfindungsfaktoren sich häufig, stark und irregulär ändern.

Die erste Komponente wird auch als charakteristisch für eine dynamische Umwelt, die zweite als charakteristisch für eine komplexe Umwelt bezeichnet. Ist die Umwelt in diesem definierten Sinne unsi-

---

1   Vgl. Picot, Arnold (1982), S. 270.
2   Vgl. Kieser, Alfred (1974), S. 302.

cher, dann entstehen wegen der unzureichenden Ausstattung der Wirtschaftssubjekte mit Informationen bei der Entscheidungsfindung und damit bei der Koordination von Transaktionen höhere Kosten. Ein höherer Grad an Umweltunsicherheit läßt also die Transaktionskosten steigen.

Unter der Spezialität eines Transaktionsobjektes kann man zum einen wie Williamson nur spezielle Investitionen verstehen, die die Transaktion erfordert.[1] Die Investitionen sind deswegen speziell, weil die Transaktion an bestimmte räumliche Konstellationen gebunden ist, oder weil sie eine feste zeitliche Abwicklung erfordert oder drittens, weil zu ihrer Abwicklung ein spezielles Wissen benötigt wird.

Zum anderen kann man den Spezialitätsbegriff erweitern, indem man sagt, die Transaktionsspezialität kann sich auch ausdrücken in der Erklärungsbedürftigkeit und dem Wert eines Produktes, ferner in dem Grad der Übereinstimmung von Produktionsgeschwindigkeit und Absatzgeschwindigkeit. Die letzten drei sind Kosteneinflußgrößen, die Albach noch zusätzlich aufführt.[2]

Alle Spezialitätsausprägungen bewirken, daß die mit der Transaktionsabwicklung befaßten Wirtschaftssubjekte auf eine besondere Art und Weise miteinander verbunden sind.

Sind die Wirtschaftssubjekte jedoch auf eine besondere Art und Weise mit einander verbunden, dann bedarf es bei der Koordination der Transaktionen einer besonderen Feinabstimmung wegen der unterschiedlichen Ziele, die sie verfolgen. Dies führt zu höheren Transaktionskosten. Diese zu reduzieren ist Aufgabe der transaktionskostenminimalen Abwicklungsform.

Nachdem in diesem Kapitel die wichtigsten Begriffe, die in dieser Arbeit gebraucht werden, definiert wurden, werden im nächsten Kapitel die zwei Transaktionen Produkt- und Prozeßinnovation mit Hilfe

---

1   Vgl. Williamson, Oliver E. (1981a), S. 555.
2   Vgl. Albach, Horst (1981b), Blatt 7.

zweier Fallstudien daraufhin untersucht, welche Transaktionskostenarten bei ihrer Durchführung anfallen.

## B. Ausgangssituation

Will man Lösungskonzepte für ein organisatorisches Problem entwickeln, wie es als Ziel dieser Arbeit formuliert wurde, so ist es hilfreich, Erfahrungen darüber zu sammeln, wie Innovationsprozesse in der Praxis von Unternehmen organisiert werden. Zu diesem Zweck wurden Fallstudien für die zwei Innovationsarten Produkt- und Prozeßinnovationen durchgeführt.

Fallstudien eignen sich am besten für die erste Phase der Beschäftigung mit einem organisatorischen Problem, "da sie relativ wenig Aufwand erfordern und eine Fülle von Anregungen für die weitere wissenschaftliche Beschäftigung mit der jeweiligen Frage zu bieten vermögen."[1] Fallstudien vermitteln ein realistisches Vorverständnis des Problems und erlauben die Entwicklung eines gedanklichen Bezugsrahmens.

Fallstudien weisen als empirische Forschungsmethoden das Manko auf, daß sie Tatbestände beschreiben, die in dieser Form einmalig auftreten. Deswegen kann man sie nur begrenzt zu vergleichenden Studien heranziehen. Ebensowenig vermag man mit ihrer Hilfe Wirkungsanalysen durchzuführen.[2]

Das war aber auch nicht beabsichtigt. Die Fallstudien wurden eingesetzt, um ein Verständnis dafür zu bekommen, wie Innovationsprozesse im Unternehmen ablaufen. Anhand dieser Studien konnten Ablaufschemata erstellt werden, die die einzelnen Schritte eines Innovationsprozesses angeben. Im Anschluß daran wurde jedem dieser Schritte die Transaktionskostenart zugeordnet, die bei ihm entstanden war. Auf diese Weise gewann man einen Überblick über die Transaktionskostenarten, die mit der Abwicklung eines Innovationsprozesses verknüpft sind. Aus den Transaktionskostenarten konnte man wiederum ihre wichtigsten Einflußgrößen ableiten. Dadurch kommt man dem Ziel einer transaktionskostenmäßigen Bewertung verschiedener Ab-

<hr>

1 Kubicek, Herbert (1975), S. 61.
2 Vgl. Kubicek, Herbert (1975), S. 59f.

wicklungsformen schon sehr nahe: Man kann nun einen Vergleich der Transaktionskosten verschiedener Abwicklungsformen durchführen, indem man die Höhe ihrer Einflußgrößen vergleicht. Und erhält als Ergebnis die Abwicklungsform mit den niedrigsten Transaktionskosten.

Die Fallstudien dienten also der Entwicklung eines Instrumentariums. Dieses Instrumentarium wurde später benutzt, um mit Hilfe von Interviews noch detailliertere Erkenntnisse zu gewinnen.

Dem Manko der mangelnden Vergleichbarkeit von Fallstudien wurde dadurch zu begegnen versucht, daß die Gespräche, die im Verlauf der Fallstudie geführt wurden, mit Hilfe eines Interviewleitfadens[1] strukturiert wurden. Natürlich wurde Raum gelassen, von diesem Leitfaden abzuweichen, sobald es erforderlich wurde. Dieser Leitfaden wurde mit nur geringfügigen Änderungen in allen drei Fallstudien verwandt, so daß man von einer gewissen "Standardisierung der Erhebungsinstrumente" sprechen kann.[2]

Insgesamt entspricht die Vorgehensweise der Maxime, daß jede empirische Methode "einen bestimmten Platz im Rahmen eines langfristigen Forschungsprogramms einnehmen sollte, an dem ihre spezifischen Vorteile am besten zur Geltung kommen, da kein einziges Forschungsdesign alle anstehenden Fragen ... allein zu lösen vermag."[3]

## I. Entwicklung eines neuen Produktes

Wie schon bei der Abgrenzung des Innovationsbegriffes ausgeführt wurde, wird "Neuheit" von der Herstellerseite her gesehen. Das bedeutet, daß unter einer Produktinnovation die Aufnahme eines neuen Produktes in das Produktangebot verstanden wird, das bisher dort noch nicht enthalten war.[4]

1   Siehe Interviewleitfaden im Anhang.
2   Vgl. Kubicek, Herbert (1975), S. 60.
3   Kubicek, Herbert (1975), S. 58.
4   Zu einer ähnlichen Definition kommt Schelker, Thomas (1978), S. 7.

Die Bedeutung neuer Produkte für die Wettbewerbsposition eines Unternehmens braucht in dieser Arbeit nicht besonders hervorgehoben zu werden. Dies ist an anderer Stelle in vielfältigen Untersuchungen bereits geschehen.[1]

Zur Illustration der Bedeutung neuer Produkte sei hier nur das Beispiel der Siemens AG angeführt: Während 1975/76 ihre neuen Produkte, die jünger als fünf Jahre sind, einen Anteil am Umsatz von 43 % besaßen, erhöhte sich dieser Anteil 1985/86 auf 55 %. Die Siemens AG erzielt also einen immer größeren Anteil ihres Umsatzes mit neuen Produkten. Und dies gilt auch für andere Unternehmen.

Ihre Entwicklung ist aber mit großen Risiken behaftet, weil ihre zukünftigen Ergebnisse unsicher sind. Empirische Untersuchungen geben eine Mißerfolgsrate für Produktinnovationen an, die im Durchschnitt bei 40 % liegt.[2] Dabei ist die Ausfallquote besonders hoch in der ersten Phase des Innovationsprozesses, in der Phase der Ideenselektion. Danach verringert sie sich merklich. Dennoch werden nur aus etwa 3,7 % der Innovationsideen Produkte mit Markterfolg.[3]

Die Hauptursachen für den Mißerfolg neuer Produkte sind:[4]

1. Eine unzureichende Ausstattung mit Informationen über marktmäßige und technische Entwicklungstendenzen,

2. eine ungenügende Mittelzuteilung,

3. die fehlende Unterstützung durch die Geschäftsleitung,

---

1    Vgl. dazu Kieser, Alfred (1970), S. 48ff; Viefers, Ulrich (1986), S. 77ff, S. 163ff; Schelker, Thomas (1978), S. 51.
2    Vgl. Rieser, Ignaz (1986), S. 324.
3    Vgl. Schelker, Thomas (1978), S. 56f.
4    Vgl. Schelker, Thomas (1978), S. 58; Rieser, Ignaz (1986), S. 324f.

4. eine zu große Abweichung von der Unternehmenskompetenz,

5. eine zu lange Entwicklungszeit,

6. eine falsche Einschätzung der Entwicklungskosten,

7. ein zu geringer Kosten-/Nutzenvorteil der Produktinnovation gegenüber Konkurrenzprodukten,

8. ein nicht optimaler Einsatz der Marketinginstrumente.

Um dieser Fehlerquellen Herr zu werden, wurden zahlreiche Methoden der Prognose, der Kreativitätsförderung, der Bewertung der Entscheidungsfindung, der Planung und der Kontrolle entwickelt. Ein guter Überblick über die einzelnen Methoden findet sich in dem Buch von Schelker.[1] Schelker versucht außerdem mittels einer Unternehmensbefragung herauszufinden, wie häufig diese Methoden in den einzelnen Phasen des Innovationsprozesses eingesetzt werden.

In der folgenden Tabelle sind die Befragungsergebnisse zusammengefaßt, wobei jeweils die drei am häufigsten angewandten Methoden zusammengestellt wurden.[2]

---

1 Vgl. Schelker, Thomas (1978).
2 Vgl. Schelker, Thomas (1978), S. 20, 26, 36, 45.

**Tabelle 1:   Methoden des Innovationsprozesses**

| Phasen | Methoden |
| --- | --- |
| Analyse/ Prognose | - Vorgehen ohne spezifische Methoden<br>- Studieren externer Quellen<br>- Konkurrenz-Analyse |
| Ideenfindung | - Vorgehen ohne spezifische Methoden<br>- Brainstorming<br>- Betriebliches Vorschlagswesen |
| Evalution | - Investitionsrechnungen<br>- Vorgehen ohne spezifische Methoden<br>- Checkliste/Pflichtenheft |
| Projektplanung/ Projektüberwachung | - Terminplanung durch Balkendiagramme<br>- Kostenplanung durch Soll-Ist-Vergleich |

Es zeigt sich, daß auf fast allen Stufen des Innovationsprozesses meistens ohne spezifische Methoden vorgegangen wird. Die einzelnen Aktivitäten werden eher intuitiv und formlos ausgeführt. Die Gründe hierfür mögen einmal in der überkommenen Vorstellung liegen, daß Innovationen als schöpferische Akte nicht planbar sind, zweitens in einer unzureichenden Kenntnis der existierenden Methoden.

Dies möge an dieser Stelle genügen, denn nicht die Methoden des Innovationsprozesses sind Gegenstand dieser Arbeit, sondern seine Organisation. Das heißt, daß nach den organisatorischen Regelungen gefragt wird, die einen optimalen Einsatz der einzelnen Methoden erlauben. Zur Beantwortung dieser Frage ist es erforderlich, daß der

Innovationsprozeß genau in seine einzelnen Schritte zerlegt wird. Nur so kann man feststellen, was eigentlich zu organisieren und zu koordinieren ist.

Neben dem bereits dargestellten Schema von Schelker finden sich in der Literatur etliche Ablaufpläne für Produktinnovationsprozesse.[1]

In dieser Arbeit soll dem Phasenmodell gefolgt werden, das der Verein Deutscher Ingenieure (VDI) erstellt hat.[2] Es unterscheidet im wesentlichen folgende Innovationsschritte:

1. Analyse des Unternehmenspotentials

2. Festlegung der Suchfelder

3. Produktfindung:
   - Ideenfindung
   - Ideenselektion
   - Produktdefinition
   - Entwicklungsvorschlag

4. Entscheidung der Geschäftsleitung:
   - Entwicklungsauftrag

5. Produktrealisierung:
   - Entwicklung/Konstruktion
   - Fertigung

6. Produktbetreuung:
   - Markteinführung
   - Vertrieb

Der VDI bezieht in sein Phasenschema auch den "Produkttod" mit ein. Hier wird jedoch die Auffassung vertreten, daß bei der Bestim-

---

1  Ein guter Überblick findet sich in Thom, Norbert (1980), S. 45-53; ebenso in: Wind, Yoram J. (1982), S. 220.
2  Vgl. VDI-Gemeinschaftsausschuß Produktplanung (1976), S. 11.

mung des Produkteliminationszeitpunktes andere Dinge eine Rolle spielen als beim Produktinnovationsprozeß, so daß diese Tätigkeiten als nicht dazugehörig ausgegliedert und nicht weiter behandelt werden.[1]

Im folgenden wird eine kurze Erläuterung der einzelnen Innovationsschritte gegeben:

Zu 1.  Es werden die Stärken und Schwächen des Unternehmens analysiert mit dem Ziel, die Gesamtheit der Möglichkeiten auszuloten, zu denen das Unternehmen Problemlösungen anbieten kann.[2]

Zu 2.  Aussichtsreiche Aktionsbereiche werden ermittelt, die mit der Unternehmenszielsetzung und -kompetenz übereinstimmen und zukunftsträchtig sind.[3]

Zu 3.  Hier werden zu Beginn noch recht unspezifische Ideen gesammelt, ausgewählt und zu konkreten Produktideen verdichtet. Den Abschluß bildet eine genaue Beschreibung der Funktion, des Arbeitsprinzips und weiterer charakteristischer Daten des neuen Produktes, die dann in den Entwicklungsvorschlag münden.[4]

Zu 5.  Nachdem die Geschäftsleitung diesem Vorschlag zugestimmt hat, wird das neue Produkt bis zur Serienreife entwickelt und anschließend zur Fertigung freigegeben.[5]

Zu 6.  Hier wird der Einsatz des absatzpolitischen Instrumentariums: die Absatzmethoden, die Preispolitik, die Produktgestaltung und die Werbung geplant und durchgeführt.[6]

---

1   Vgl. Reinöhl, Eberhard (1981), S. 6f.
2   Vgl. VDI-Gemeinschaftsausschuß Produktplanung (1976), S. 17ff.
3   Vgl. VDI-Gemeinschaftsausschuß Produktplanung (1976), S. 19ff.
4   Vgl. VDI-Gemeinschaftsausschuß Produktplanung (1976), S. 41ff.
5   Vgl. VDI-Gemeinschaftsausschuß Produktplanung (1976), S. 53ff.
6   Vgl. VDI-Gemeinschaftsausschuß Produktplanung (1976), S. 60ff.

Die anderen Phasenmodelle der Literatur beschreiben den Ablauf ähnlich.

Dieses Schema vor Augen wurde die Fallstudie eines Produktinnovationsprozesses durchgeführt. Bevor jedoch dessen organisatorische Abwicklung wiedergegeben wird, soll ein kurzer Überblick über die möglichen Organisationsformen, die die Literatur anbietet, gegeben werden.[1]

Innovationen können durchgeführt werden von:

1. eigenständigen Organisationseinheiten, z.B. einer Neuproduktabteilung:

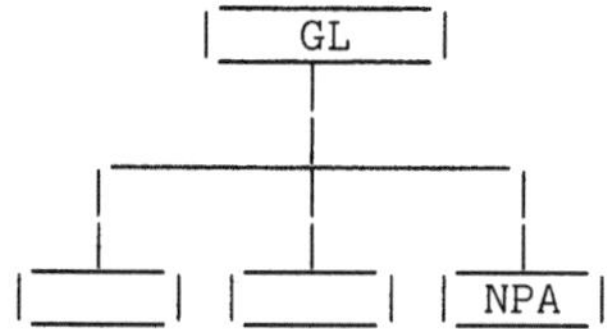


GL = Geschäftsleitung
NPA = Neuproduktabteilung

2. zugeordneten Organisationseinheiten, z.B. als Unterabteilungen der Marketingabteilung (Ma) oder der Forschungs- und Entwicklungsabteilung (FuE):

---

1 Vgl. The Conference Board (1966), S. 27ff; Wind, Yoram J. (1982), S. 486ff; Grayson, Robert A. (1970), S. 41-50.

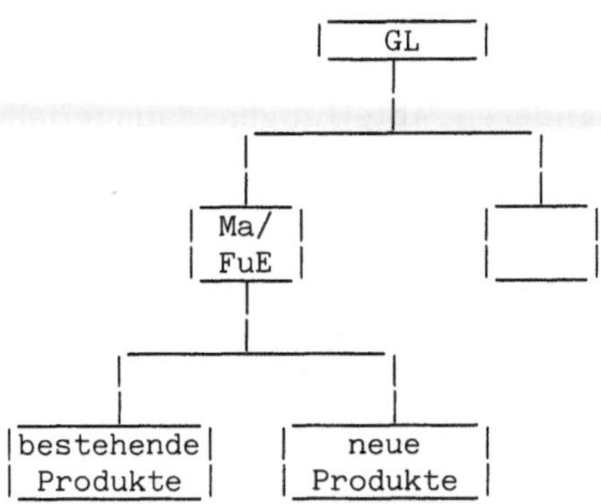

3. zeitlich befristeten Organisationseinheiten,   z.B.   als Neuprodukt-
kommission, task force oder venture team:

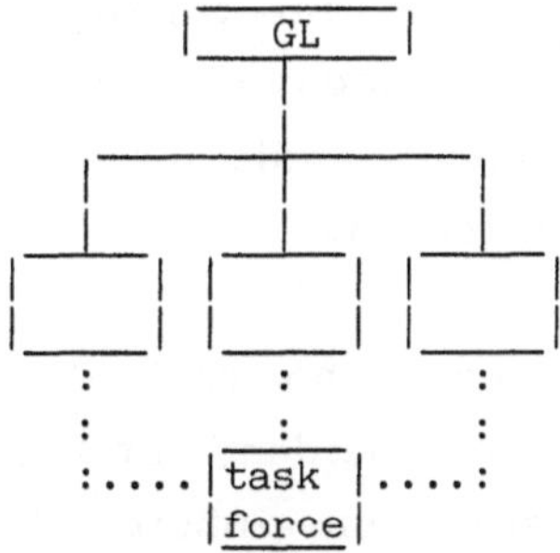


Von  diesen  Organisationsformen  sollen  die  Neuproduktabteilung
und das venture team näher beschrieben werden,  da sie für zwei ge-
gensätzliche organisatorische Konzepte stehen:   die Neuproduktabteilung  will  den  Innovationsprozeß  institutionalisieren,    das  venture
team versucht dem ad-hoc-Charakter von Erfindungen gerecht zu werden.

Eine Neuproduktabteilung ist eine auf Dauer eingerichtete Organisationseinheit,   die zuständig ist für alle Phasen des Innovationsprozesses: die Ideensuche und -bewertung, den Ideenvorschlag, die Produktentwicklung; die Produkttests und die "Kommerzialisierung".[1] Ihre Mitglieder betreuen eine Produktinnovation vom Anfang bis zum

1   Vgl. Johnson, Samuel C.; Jones, Conrad (1957), S. 53.

Ende. Für die einzelnen Aufgaben ziehen sie Mitglieder aus anderen Abteilungen heran, die zeitweise an der Produktinnovation mitarbeiten. Aus diesen von anderen Abteilungen "ausgeliehenen" Mitarbeitern wird eine "sponsor group" gebildet, die den Entwicklungsprozeß bis zur Kommerzialisierungsphase vorantreibt. Anschließend weitet sie sich zu einem Produkt-Komittee aus, das die Markteinführung und -betreuung so lange übernimmt, bis dafür eine ständige Linienstelle gebildet werden kann.[1]

Die Mitglieder der Neuproduktabteilung sind die Koordinatoren jedes Innovationsprozesses. Sie sind jedoch in mehreren Prozessen gleichzeitig tätig.

Die Vorteile einer Neuproduktabteilung bestehen darin, daß Kräfte konzentriert, Verantwortung klar zugewiesen und Spezialwissen erworben werden können. Als Nachteil wird empfunden, daß die Abteilungsmitglieder vom Tagesgeschäft losgelöst arbeiten und sich so von diesem immer weiter entfernen.

Zwei Hauptunterschiede sind es, die das venture team von der Neuproduktabteilung unterscheiden. Erstens ist das venture team eine zeitlich befristete Organisationseinheit. Zweitens arbeitet es getrennt von den übrigen Unternehmensaktivitäten, und alle seine Mitarbeiter gehören ihm ständig an für die Dauer des Innovationsprozesses. Man versucht, mit der Bildung eines venture teams eine Unternehmensgründung innerhalb der Muttergesellschaft zu simulieren, allerdings auf Zeit.[2] Man will eine Organisationseinheit schaffen, die ebenso impulsgebend und flexibel wie ein neugegründetes Unternehmen ist, dabei aber zur Muttergesellschaft gehört.

Das venture team bietet den Vorteil, daß sich eine Gruppe von Fachleuten ausschließlich mit Innovationsproblemen beschäftigen kann. Die Nachteile bestehen, ebenso wie bei der Neuproduktabteilung, in der Separierung vom Tagesgeschäft, ferner darin, daß Ab-

---

1 Vgl. Johnson, Samuel C.; Jones, Conrad (1957), S. 56ff.
2 Vgl. Nathusius, Klaus (1979a), S. 520.

teilungsleiter ungern gute Mitarbeiter an ein venture team abgeben, und diese dann nach dem Projektabschluß schwierig wieder in die bestehende Hierarchie eingegliedert werden können.

Inwieweit das Konzept des venture teams die Organisationsform der Zukunft ist, läßt sich mit Gewißheit nicht abschätzen. Bei der Entwicklung eines Nahrungsmittelprodukts, die in nachfolgender Fallstudie beschrieben wird, wurde dieses Konzept jedenfalls nicht verwandt.

**Fallstudie**

**Firma Dr. August Oetker, Bielefeld**

**1. Die Unternehmensstruktur**

Die Dr. Oetker Gruppe besteht zur Zeit aus ca. 100 Firmen. Sie beschäftigte 1985 9.684 Mitarbeiter. Ihr Tätigkeitsfeld erstreckt sich auf so unterschiedliche Bereiche wie Nahrungsmittel, Getränke, Schiffahrt, Handel und das Gastgewerbe.

Die folgenden Ausführungen konzentrieren sich auf den Nahrungsmittelbereich. Das Unternehmen Dr. August Oetker Nahrungsmittel entstand aus einer Zusammenlegung der drei Unternehmen Stammhaus Dr. August Oetker, Dr. Oetker Tiefkühlkost GmbH und Dibona-Markenvertrieb KG. Es erzielte 1985 einen Umsatz von über 1 Mrd. DM. Das Angebotsprogramm an Nahrungsmitteln umfaßt rund 600 verschiedene Artikel. Diese Artikel werden zu Sortimenten zusammengefaßt, die entweder einzeln oder zu mehreren von einem Marketing-Manager betreut werden. Die Marketing-Manager gehören der Marketingabteilung an, die gemeinsam mit der Abteilung Verkauf zuständig für den Absatz der Oetkerprodukte ist.

Das folgende Organigramm gibt die Organisationsstruktur von Oetker wieder:

**Schaubild 1: Organisationsstruktur Dr. August Oetker Nahrungsmittel**

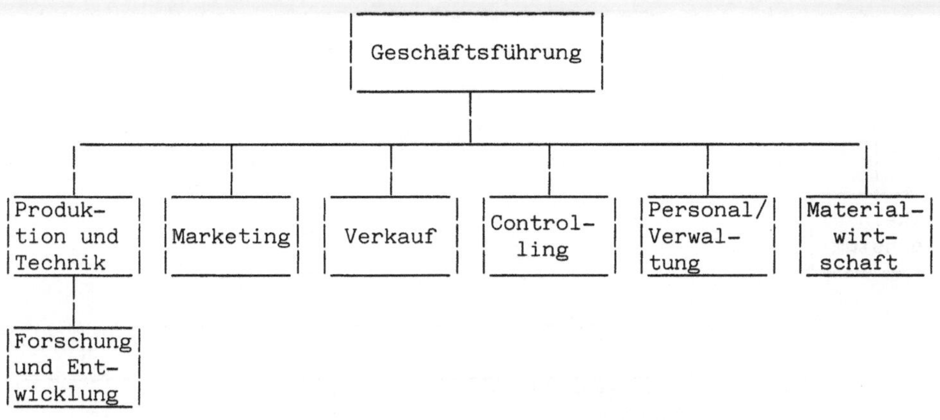


QUELLE: unveröffentlichtes Material der Firma Oetker

Oetker ist einer der führenden Markenartikelhersteller im Nahrungsmittelbereich. Um diese Stellung auszubauen, wurde in den letzten Jahren eine neue Marketingstrategie entwickelt. Angestrebt wird eine "Konzentration auf Schwerpunkte". Das heißt, daß man sich auf die Produktfelder konzentrieren will, auf denen Oetker beim Verbraucher einen eingeführten guten Namen hat. Außerdem wird Wert darauf gelegt, daß die einzelnen Produkte dazu beitragen, daß das Sortiment als Einheit gesehen und mit guter Qualität identifiziert wird. Für den Nahrungsmittelbereich bedeutet dies, daß man sich auf sechs Bereiche konzentriert: auf Produkte zum Backen, Desserts, Einmachhilfen, Eis, Fertiggerichte, Müsli und Müsli-Riegel.

Die neue Marketingstrategie unterstützt die allgemeine Wachstumsstrategie des Unternehmens. Oetker will vor allem durch Innovationen wachsen. Die gestrichelte Linie in dem folgenden Schaubild gibt an, welche Wege dabei beschritten werden:

**Schaubild 2:    Strategische Entscheidungen**

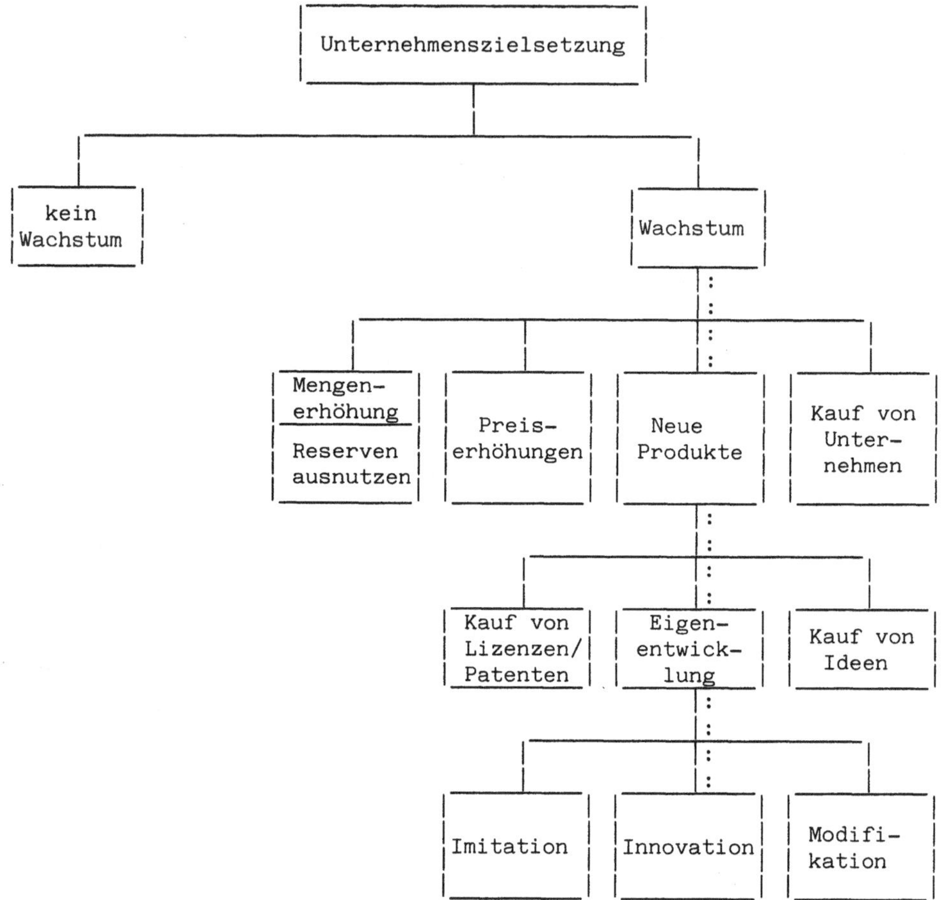


QUELLE: unveröffentlichtes Material der Firma Oetker

Innovationen als Wachstumsinstrumente bedürfen besonderer organisatorischer Vorkehrungen. Sie sollen am Beispiel der neuen Müsli-
produkte im folgenden Kapitel aufgezeigt werden.

## 2. Die Organisation einer Produktinnovation

Ziel der Innovationsbemühungen war es, ein Sortiment von Produkten im Nahrungsmittelbereich zu schaffen, das ein drittes Standbein neben den traditionellen Sortimenten 'Backen' und 'Dessert' darstellen würde. Es sollte also kein Produkt ersetzt werden, dessen Lebenszyklus in absehbarer Zukunft negative Erträge erwarten lassen würde. Sondern es sollte ein Einstieg in einen neuen Wachstumsmarkt erreicht werden. Deswegen wurden auch nicht die Produktmanager bereits existierender Produkte mit der Abwicklung beauftragt, die sonst für Produktvariationen zuständig sind, sondern es wurde ein Produktmanager ausschließlich mit dieser Aufgabe betraut.

Produktinnovationen bei Oetker werden in der Regel von der Marketingabteilung betreut, da die Oetkerprodukte als Konsumprodukte ausschließlich marktorientiert sind. Dementsprechend kommen auch die meisten Anregungen für neue Produkte von der Marketingabteilung. Anregungen aus der Forschungs- und Entwicklungsabteilung oder durch das betriebliche Vorschlagswesen spielen dagegen nur eine untergeordnete Rolle.

Im Sommer 1982 begannen die Innovationsaktivitäten. Ein Produktmanager erhielt den Auftrag, eine Idee für ein neues Sortiment zu finden, anschließend die Produkte zu entwickeln und deren Markteinführung zu organisieren. Seine Tätigkeit bestand vor allem in der Planung, Steuerung und Kontrolle des Innovationsprozesses.

In der <u>Phase der Ideensuche</u> wurde ein workshop eingerichtet, der aus 15 Teilnehmern aus allen Bereichen des Hauses (Psychologen, Marketing-Mitarbeitern u.a.) bestand. Der Produktmanager für ein neues Produkt (im folgenden: Neuproduktmanager) kann die Teilnahme der einzelnen Mitarbeiter an diesem workshop nicht erzwingen, denn er ist ihnen gegenüber nicht weisungsbefugt. Er ist auf seine persönliche Überzeugungskraft und die Kooperationsbereitschaft der anderen Mitarbeiter angewiesen. Entscheidend ist auch, daß die Geschäftsleitung an dem Projekt interessiert ist und es unterstützt.

Dies wurde nicht zuletzt dadurch demonstriert, daß für die Produktneuentwicklung ein eigenes Budget zur Verfügung stand, das für die im ersten Stadium anfallenden Ausgaben verwandt wurde.

Aufgabe des workshops war es, neue Wachstumsmärkte auf ihre Erfolgsaussichten bei gleichzeitiger Berücksichtigung ihrer Eignung für die Firma zu überprüfen. Zur Debatte standen die Märkte für Tee, Gewürze, Tiernahrung und Cerealien[1]. Die Märkte mußten auf bestimmte Aspekte hin geprüft werden. Dies war im Anschluß an den workshop die Aufgabe der einzelnen Teilnehmer, die sie in ihren Fachabteilungen auszuführen und auf der nächsten workshopsitzung zu präsentieren hatten.

In einer der anschließenden workshopsitzungen befand sich die Ideensuche schon in einem konkreten Stadium. Dank der Vorlage der Teilnehmer war eine Bewertung der einzelnen Märkte aufgrund einer Checkliste möglich.

In dieser Phase der Ideenakzeptierung fiel die Entscheidung für den Markt der Cerealien aus folgenden Gründen:

1. Es handelt sich um einen profitablen Markt.

2. Die Produkte bedeuten eine Imageverjüngung für die Marke Oetker.

3. Die erforderliche Kompetenz ist im eigenen Haus vorhanden.

---

1 Cerealien leitet sich ab von dem lateinischen Wort 'ceres' = Göttin des pflanzlichen Wachstums.

4. Langfristige Wachstumsaussichten dank des anhaltenden Gesund-
heitstrends sind zu erwarten.

5. Die Konkurrenzsituation erscheint günstig.

Getroffen wurde die Entscheidung durch die Geschäftsleitung, da
es sich um eine Produktentwicklung mit weitreichenden Konsequenzen
für das Unternehmen handelt. Über das 'follow-up' weniger bedeut-
samer Innovationsbemühungen kann auch der Bereichsleiter Marketing
entscheiden.

Sobald die Entscheidung gefallen war, die Entwicklungsbemühungen weiter voran zu treiben, wurde ein Projektteam gebildet. In der
Durchführungsphase konkretisieren sich also die organisatorischen
Strukturen. Neben den Neuproduktmanager treten jetzt Teamarbeiter
aus den Abteilungen Marketing, Entwicklung, Produktion und Verkauf. Dabei waren alle Produktmitarbeiter außer dem Neuproduktmanager nur zeitweise mit Projektaufgaben beschäftigt neben ihren
laufenden Geschäften. Sie erhielten auch keine zusätzlichen materiel-
len Anreize außer der Anerkennung, die mit einem erfolgreichen Projekt verknüpft ist.

Innerhalb des Projektteams herrscht ein kooperativer Führungs-
stil. Allerdings behält der Neuproduktmanager alle Fäden in der
Hand. Das gleiche gilt auch für die Kommunikationswege. Zwar tau-
schen die Teammitarbeiter untereinander Informationen aus, z.B. bei
der Lösung von Detailproblemen. Aber alle Informationen müssen auch
dem Neuproduktmanager zugänglich werden. Denn der Neuproduktmanager ist verantwortlich für den Fortgang und das Ergebnis der Innovationsbemühungen.

In der Projektphase nahmen die Projektmitarbeiter ihre Aufgaben
mit hinüber in ihre Abteilungen. Das bedeutete auch, daß sie aus
deren Budgets finanziert wurden. Am Beispiel der Forschungs- und
Entwicklungsabteilung soll gezeigt werden, welcher Art die zu lösen-
den Aufgaben der einzelnen Fachabteilungen waren. Die Forschungs-

und Entwicklungsabteilung mußte den Rohstoffeinsatz prüfen, die Haltbarkeitsproblematik lösen, die Rezeptur für die eigene Mischung kreieren und vieles andere mehr. Zwischen der Forschungs- und Entwicklungsabteilung und anderen Abteilungen und auch dem Neuproduktmanager war eine intensive Zusammenarbeit möglich, da die Forschungs- und Entwicklungsabteilung regelmäßig Treffen veranstaltet, auf denen sie ihre Projekte vorstellt, um abzuklären, ob ihre Reihenfolge der Bearbeitung sich mit den Planungen der anderen Abteilungen deckt.

Die Aufgabe des Neuproduktmanagers besteht während der gesamten Realisierungsphase darin, die Tätigkeiten der einzelnen Fachabteilungen zu koordinieren und laufend zu kontrollieren.

Während der Entwicklungszeit war das neue Produkt mehrmaligen Tests unterworfen. Die folgende Graphik, die die Kostenentwicklung im Zeitverlauf darstellt, zeigt anschaulich, welche Tests bei neuen Produkten in den einzelnen Entwicklungsstadien durchgeführt werden. Dies war auch bei den Cerealienprodukten der Fall.

**Schaubild 3:'  Die Kostenentwicklung ausgewählter Neuprodukte**

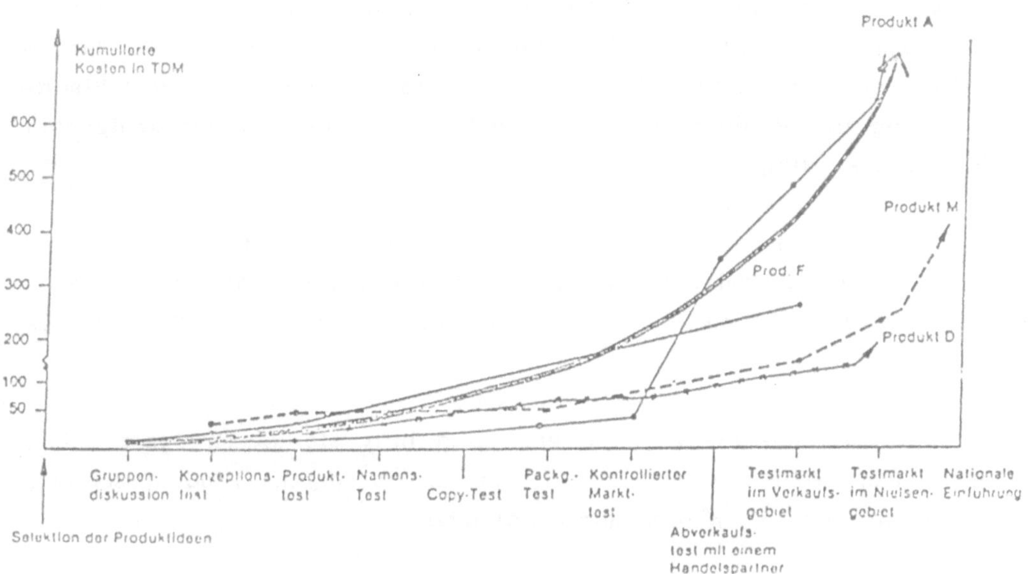


QUELLE: unveröffentlichtes Material der Firma Oetker

Aufgrund der Testergebnisse kann auch im fortgeschrittenen Stadium immer wieder die Entscheidung getroffen werden, die Entwicklungsarbeiten abzubrechen, wenn die Erfolgsaussichten als zu gering erachtet werden.

Sobald eine Produktkonzeption für die Cerealien gefunden war, die für die Zukunft aussichtsreich erschien, wurde eine Agentur eingeschaltet. Diese Agentur übernahm dann die Produktbetreuung bis zur Markteinführung. Der genaue Zeitpunkt für die Einschaltung einer Agentur hängt u.a. von der Beschaffenheit des neuen Produktes ab. Bei ganz neuen Produktkonzeptionen ist die Agentur schon in der workshopphase beteiligt, sonst wird sie erst später in der Umsetzungsphase gebraucht. Bei den Müsliprodukten nahm die Agentur erst dann ihre Tätigkeit auf, als die meisten Produkttests schon durchgeführt worden waren. Ihre Aufgabe bestand vor allem in der Visualisierung der Produktkonzeption, d.h. im Entwurf einer geeigneten Produktgestaltung.

Neben der geeigneten Produktkonzeption ist ein tragfähiges Konzept für den Handel sehr wichtig, denn einen Engpaß bei der Einführung eines neuen Produktes stellt der Platz in den Regalen des Handels dar.

War die Konkurrenz schneller, und hält sie diesen Platz schon mit neuen Produkten besetzt, so hat es das eigene Produkt schwer, überhaupt bis zum Käufer durchzudringen.

Das unterstreicht auch die Bedeutung der Innovationszeit für den Erfolg eines neuentwickelten Produktes. Im Durchschnitt dauert ein Produktinnovationsprozeß 2 bis 3 Jahre. Die Müsli-Produkte erwiesen sich als erfolgreiche Produktinnovation. Sie erzielten in den beiden Einführungsmonaten Februar/März 1984 Umsatzanteile von 7,6 %, die bis Ende 1984 auf 10 % gesteigert werden konnten.[1]

---

1 Vgl. Rettberg, Ralf (1984), S. 47.

Der Neuproduktmanager betreut die Müsli-Produkte weiter. Da er zusätzlich wieder mit einer Neuproduktentwicklung betraut wurde, übt er jetzt eine Doppelfunktion aus. Ihm zur Seite wurde ein neuer Mann gestellt, der sich ausschließlich auf die Neuproduktentwicklung konzentrieren soll.

Damit wird die These bestätigt, daß neue Produkte dann eigene Geschäftsbereiche und Geschäftsbereichsleiter bekommen, wenn sie zu groß sind, als daß sie ihre Ressourcen mit anderen Produkten teilen könnten.[1]

Die Ergebnisse der Fallstudie kann man in folgendem Schema zusammenfassen, das auf der einen Seite die einzelnen Innovationsschritte und auf der anderen Seite ihre organisatorische Abwicklung enthält.

---

1   Vgl. Poensgen, Otto H. (1973), S. 41.

**Schaubild 4:  Die Entwicklung der Cerealien-Produkte**

| Innovationsschritte | Organisation |
|---|---|
| 1. Festlegung der Unternehmens-<br>kompetenz:<br>Backen, Dessert, Essen allg. | Workshop aus Unternehmens-<br>mitgliedern und externen<br>Fachleuten |
| 2. Festlegung der Suchfelder:<br>Tee, Gewürze, Tiernahrung,<br>Cerealien | |
| 3. Entscheidung für die<br>Cerealienidee | |
| 4. Interne Prüfung:<br>  a. Neue Produktionsanlagen?<br>  b. Neue Produktionstech-<br>     niken?<br>  c. Neue Rohstoffe? | Forschungs- und Entwicklungs-<br>Abteilung |
| 5. Externe Prüfung:<br>  a. Marktgröße?<br>  b. Konkurrenz? | Abteilung: Marktforschung<br>und<br>Werbeagentur |
| 6. Produktdefinition:<br>Früchtemüsli, Knuspermüsli,<br>Müsliriegel vakuumverpackt | Forschungs- und Entwicklungs-<br>Abteilung |
| 7. Entscheidung der Geschäfts-<br>leitung:<br>Entwicklungsauftrag | |
| 8. Produktrealisierung:<br>Fertigung | fremde Unternehmen |
| 9. Produktbetreuung<br>  – Werbestrategien<br>  – Vertrieb<br>  – Überprüfung der Markt-<br>    einführung | Werbeagentur<br>Außendienst<br>Marktforschungsinstitut |

Legt man dieses Schema zugrunde, so kann man den einzelnen In-
novationsschritten folgende Transaktionskostenarten[1] zuordnen:

---

1  Vgl. dazu die Zusammenstellung auf S. 15.

1. Such- und Selektionskosten

2. Such- und Selektionskosten

3. Entscheidungskosten

4. Suchkosten, Vergleichskosten

5. Suchkosten, Vergleichskosten

6. Entscheidungskosten

7. Entscheidungskosten

8. Informationskosten, Kontrollkosten

9. Informationskosten, Kontrollkosten

Vertrauenskosten entstehen bei allen Tätigkeiten.

Diese einzelnen Kostenarten sollen genauer spezifiziert werden. Kosten als bewerteter Faktorverzehr lassen sich in einen Mengen- und in einen Wertansatz aufspalten.[1] Da bei Transaktionskosten zwei wichtige kostenverursachende Faktoren die Beschaffung von Informationen und Überzeugungsmaßnahmen sind,[2] lassen sich die Transaktionskosten einer Produktinnovation als der bewertete Verzehr folgender Faktoren schreiben:

1. Informationen von der Geschäftsleitung (GL) an den workshop (L) über die langfristigen Unternehmensziele = $I_L^{GL}$,

2. Informationen von unternehmensexternen Institutionen über zukunftsträchtige Suchfelder und Wachstumsmärkte = $I^{ex}$,

---

1 Vgl. Adam, Dietrich (1974), S. 19.
2 Siehe S. 15.

3. Maßnahmen zur Überwindung von Widerständen gegen einzelne Vorschläge innerhalb des workshops = $\ddot{U}b^L$,

4. Informationen von Unternehmensabteilungen über das vorhandene
Produktionspotential = $I^{Ab}$,

5. Koordinationsmaßnahmen = $K_{oo}$,

6. Informationsweitergabe an die Geschäftsleitung zur Entscheidungsvorbereitung = $I_{GL}^L$,

7. Informationsübermittlung an die Fertigung = $I^F$,

8. Informationsübermittlung an den Vertrieb = $I^V$,

9. Maßnahmen zur Überwindung von Widerständen in der Fertigung
und im Vertrieb = $\ddot{U}b^{F,V}$.

Diese Faktoren werden auch als Koordinationsvariable bezeichnet,
da ihre Ausgestaltung und Höhe die Koordination innovatorischer Aktivitäten entscheidend beeinflußt.

Setzt man einen einheitlichen Preis p für eine Informationseinheit
und eine Überzeugungseinheit, da ja auch durch die Übermittlung von
Informationen überzeugt wird, so lassen sich die Transaktionskosten
einer Produktinnovation durch die folgende Gleichung darstellen:

$$TK^{PI} = p*I_L^{GL} + p*I^{ex} + p*I^{Ab} + p*K_{oo} + p*I_{GL}^L + p*I^F +$$

$$p*I^V + p*\ddot{U}b^L + p*\ddot{U}b^{F,V}$$

Diese Gleichung wird herangezogen, wenn unterschiedliche Organisationsformen eines Innovationsprozesses aufgrund ihrer Transaktionskosten bewertet werden sollen. Damit dies auch für Prozeßinnovationen durchgeführt werden kann, ist die Ermittlung der Kostenfaktoren

einer Prozeßinnovation erforderlich, was im nächsten Kapitel mit Hilfe zweier Fallstudien über flexible Fertigungssysteme geschehen soll.

## II. Einführung eines flexiblen Fertigungssystems

Prozeßinnovationen wurden definiert als Änderungen in der Kombination der produktiven Faktoren im Rahmen des Prozesses der betrieblichen Leistungserstellung. Umfangreiche Änderungen wirken sich nicht allein auf die Produktion aus, sondern beziehen auch andere betriebliche Funktionen wie z.B. den Einkauf, die Lagerhaltung, die Auftragsabwicklung, den Transport oder die Montage mit ein. Man kann diese Änderungen unter den Begriff 'Produktionstechnologie' subsumieren, denn "Produktionstechnologien sind Verfahren, Mittel und Methoden zur wirtschaftlichen Herstellung von Produkten."[1]

Wildemann teilt die Produktionstechnologien entsprechend ihrem Neuheitsgrad in drei Kategorien ein:[2]

A. Technologien, die absolut neu am Markt sind,

B. Technologien, die neu in der eigenen Branche sind,

C. Technologien, die für das eigene Unternehmen und in verschiedenen Branchen neu sind.

Da in dieser Arbeit der Begriff "neu" vom Standpunkt des innovierenden Unternehmens aus gesehen wird, werden schon Technologien des Typs C als Prozeßinnovationen bezeichnet, wobei die Technologien A und B auf jeden Fall zu dieser Kategorie zählen.

---

1   Wildemann, Horst (1986b), S. 338.
2   Vgl. Wildemann, Horst (1986b), S. 338.

Neue Produktionstechnologien können durch folgende Merkmale gekennzeichnet werden:[1]

- Flexibilität,

- Automation und

- Integration.

Die Produktionstechnologie der flexiblen Fertigungssysteme (FFS) weist diese Merkmal auf. Ihre Einführung soll im folgenden als Beispiel für eine Prozeßinnovation beschrieben werden.

Ein flexibles Fertigungssystem besteht aus mehreren numerisch gesteuerten Bearbeitungsmaschinen, die durch Werkstücktransport und Speichersystem miteinander verkettet sind. Der Informations- und der Materialfluß, zumeist auch der Werkzeugwechsel werden automatisch gesteuert. Die Koordinierung der Steuerung der Maschinen, des Transports usw. erfolgt durch Prozeßrechner. Die wichtigsten Komponenten eines flexiblen Fertigungssystems zeigt anschaulich das folgende Schaubild.

1    Vgl. Wildemann, Horst (1986b), S. 339.

**Schaubild 5:   Die Struktur eines flexiblen Fertigungssystems**

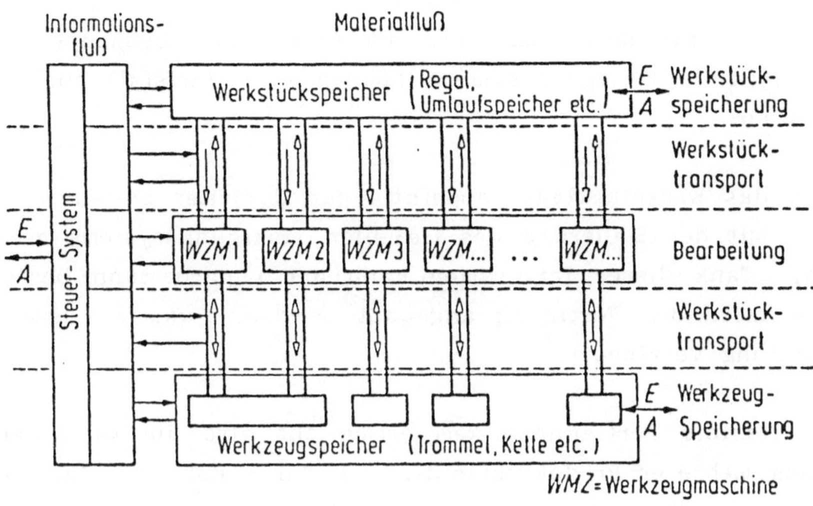


QUELLE: Stute, G. (1974), S. 156.

Nachdem mit der Entwicklung der Transferstraße ein kostengünstiges Fertigungsverfahren für Großserien und mit den numerisch gesteuerten Bearbeitungszentren ein kostengünstiges Verfahren für Kleinserien gefunden worden war, bedurfte es einer Lösung für die Automation der Mittelserienfertigung.[1] Diese Lösung bieten die flexiblen Fertigungssysteme.

Die computergestützte Steuerung verringert die Rüstzeit bei Auftragswechsel.[2] Sie ermöglicht eine kostengünstigere Produktion von Produktvarianten. Die so gewonnene <u>Flexibilität</u> erlaubt es, kurzfri-

---

1   Vgl. Dolezalek, C.M.; Ropohl, G. (1970), S. 446.
2   Vgl. Junghanns, Wolfgang (1986), S. 170.

stig Auftragsspitzen zu übernehmen. Dadurch kann die Maschinenka-
pazität insgesamt besser ausgelastet werden.

Dank der <u>automatischen</u> Fertigung sinken die Durchlaufzeiten der
Werkstücke. Gleichzeitig kann die Nutzungszeit der Anlage verlängert
werden, da ihre Betriebszeit von der Arbeitszeit abgekoppelt werden
kann. Flexible Fertigungssysteme können im Bedarfsfall auch nachts
produzieren.

Wird das Werkstücklager ebenfalls per Computer gesteuert, dann
kann es mit der Steuerung des flexiblen Fertigungssystems gekoppelt
werden. Dank dieser <u>Integration</u> kann der Lagerbestand besser den
Erfordernissen der Fertigung angepaßt werden, was die Kosten der
Lagerhaltung verringert.[1]

Das flexible Fertigungssystem ermöglicht also die wirtschaftliche
Fertigung mehrerer Produktvarianten. Dadurch kann das Unternehmen
auf der einen Seite dem Bedürfnis der Verbraucher nach einem vielfältigen und abwechslungsreichen Angebot gerecht werden, ohne auf
der anderen Seite allzusehr von seiner Unternehmenskompetenz abweichen zu müssen, was ja eine Maxime erfolgreicher Unternehmen ist.[2]

Da eine Investition in ein flexibles Fertigungssystem relativ teuer
ist (2 - 5 Mio. DM),[3] werden sie bisher vorwiegend von Großunternehmen eingesetzt. Ihre Zahl mit ca. 27 Systemen in der Bundesrepublik Deutschland 1984 nimmt sich noch recht bescheiden aus.[4]

Ein flexibles Fertigungssystem kann auf zwei grundsätzlich verschiedene Arten betrieben werden. Entweder wird das System von einer Abteilung außerhalb der Fertigung, z.B. von der Arbeitsvorbereitung, gesteuert. Oder den Systembedienern wird es ermöglicht, in
die Steuerung einzugreifen, dann erfolgt die Systemsteuerung von innen.

<hr>

1    Vgl. Mertins, K. (1985), S. 251.
2    Vgl. Albach, Horst (1985b), S. 26.
3    Vgl. Bühner, Rolf (1986), S. 69.
4    Vgl. Mertins, K. (1985), S. 252.

Beide Formen sind mit unterschiedlichen Arbeitsorganisationen verbunden. In Anlehnung an die Theorie von Burns und Stalker wählt Bühner für die zwei Strukturtypen die Bezeichnungen "organische" und "mechanistische" Arbeitsorganisation.[1] Hier wird die mechanistische Arbeitsorganisation als Strukturtyp A und die organische als Strukturtyp B bezeichnet.

**Schaubild 6:   Strukturtyp A**

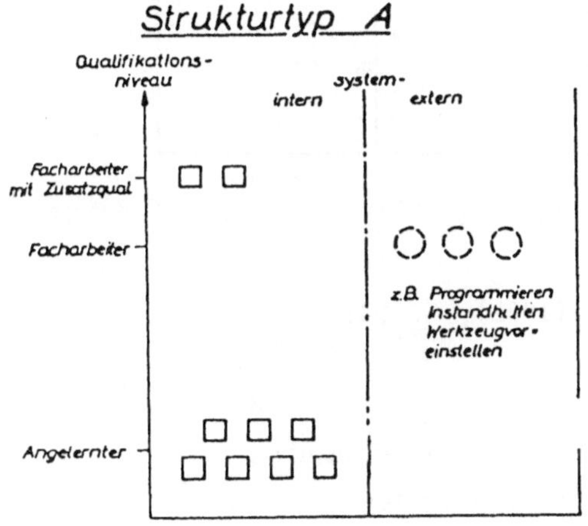


QUELLE: Lutz, Burkart (1982), S. 94.

Die Merkmale der Arbeitsorganisation des Strukturtyps A sind:
- zentrale Planung, Steuerung und Kontrolle des Fertigungsablaufs,
- polarisierte Qualitätsstruktur,
- standardisierte, einförmige Tätigkeiten, die auf eine Vielzahl wenig qualifizierter Mitarbeiter verteilt werden: Vorrichtungsumrüster, Aufspanner, Vorarbeiter, Werkzeugeinrichter, Wartungsbeauftragter.

1   Vgl. Bühner, Rolf (1987), S. 69.

**Schaubild 7:   Strukturtyp B**

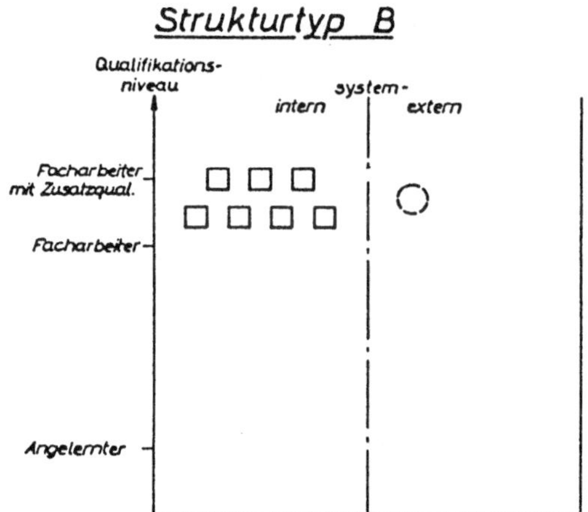


QUELLE: Lutz, Burkart (1982), S. 94.

Die Merkmale des Strukturtyps B sind:
- dezentralisiertes Steuerungssystem,
- homogene Qualitätsstruktur,
- qualifizierte Tätigkeiten,  die sich auf die Facharbeiter Anlagebediener, Leitstandführer, Maschinenbediener verteilen.[1]

Welchen Strukturtyp ein Unternehmen zur Organisation seines flexiblen Fertigungssystems wählen sollte,  wird von mehreren Faktoren bestimmt. Erstens hängt es von der Personalstrategie ab, die ein Unternehmen verfolgt und die Teil seiner Unternehmensstrategie ist. Strebt ein Unternehmen z.B.  an,  auf seinem Markt Kostenführer zu werden, dann wird es eher Strukturtyp A realisieren, der die kostengünstige Produktion standardisierter Produkte ermöglicht.[2] Zweitens

---

1   Vgl. Bühner, Rolf (1986), S. 71.
2   Vgl. Bühner, Rolf (1987), S. 250.

wird die Typwahl bestimmt durch die Qualifikation des bereits vorhandenen Unternehmenspersonals. Ist ein hohes Qualifikationsniveau vorhanden, so ist eine Realisation des Strukturtyps B möglich und wahrscheinlich. Und drittens spielt das Werkstückspektrum eine Rolle: bei hoher Konstanz des Werkstückspektrums ist eine Strukturierung gemäß Typ A kostengünstiger, die das flexible Fertigungssystem fast in eine Transferstraße verwandelt.[1]

Eine abschließende Aussage darüber, wann welcher Strukturtyp vorzuziehen sei, soll an dieser Stelle nicht getroffen werden. Während Dostal u.a. die Auffassung vertreten, daß die Typwahl vor allem von Unternehmensspezifika abhängt, und daß auch Typ A eine menschengerechte Arbeitsorganisation erlaubt, indem die Tätigkeiten durch job rotation abwechslungsreicher gestaltet werden,[2] kommt eine Untersuchung des soziologischen Forschungsinstituts Göttingen zu dem Ergebnis, daß am ehesten das dezentrale Gestaltungskonzept (Typ B) "mit den Interessen des Betriebes und denjenigen des Werkstattpersonals vereinbart werden kann."[3] Auch Bühner präferiert Typ B, da er "durch eine personelle Ressourcenorientierung eine bessere Techniknutzung und damit Wettbewerbsvorteile verspricht."[4]

Die zwei Organisationsformen, die in den nachfolgenden Fallstudien beschrieben werden, ähneln ebenfalls dem Strukturtyp B, so daß diese Form in der Praxis häufiger eingesetzt zu werden scheint.

Dieser Problematik wird nicht weiter nachgegangen, da nicht die Organisation eines bereits bestehenden flexiblen Fertigungssystems Gegenstand dieser Arbeit ist, sondern die organisatorischen Schritte, die der Einführung eines flexiblen Fertigungssystems dienen. Dazu wird, analog zur Beschreibung der Organisation einer Produktinnovation, zunächst ein Ablaufschema für die Einführung neuer Produktionstechnologien dargestellt.[5] Dieses aus der Literatur gewonnene

---

1 Vgl. Lutz, Burkart (1982), S. 99f.
2 Vgl. Dostal, Werner u.a. (1982), S. 189.
3 Vgl. Manske, F.; Wobbe-Ohlenburg (1984), S. 327.
4 Bühner, Rolf (1987), S. 260.
5 Vgl. dazu Encarnação, J. u.a. (1984), S. 15ff; Wildemann, Horst (1986b), S. 344ff.

Schema wird später zusammen mit den Erkenntnissen aus den Fallstudien dazu benutzt, eine Übersicht der Innovationsschritte zur Einführung eines flexiblen Fertigungssystems zusammenzustellen.

Danach lassen sich folgende Schritte unterscheiden:

1.  Voruntersuchung

    a.  Informationsbeschaffung über den Stand der FFS-Technologie
    b.  Konzepterstellung
        - angestrebte Ziele
        - Einführungszeitpunkt
        - Art der Systemveränderung

2.  Systemanalyse

    a.  Analyse des betrieblichen Ist-Zustandes
    b.  Prognose des zukünftigen Zustandes

3.  Entscheidung für ein flexibles Fertigungssystem durch die Geschäftsleitung

4.  FFS-Auswahl

5.  Systemvorbereitung

    a.  Art der betrieblichen Integration
    b.  Festlegung der Ablauf- und der Aufbauorganisation
    c.  Schulung und Information der Mitarbeiter
    d.  Vorbereitung der Installation

6. <u>FFS-Einführung</u>

Diese Innovationsschritte werden im folgenden genauer erläutert:

1a. <u>Informationen</u> lassen sich auf Seminaren von Forschungsinstituten, auf Kursen oder Schulungsveranstaltungen der Hersteller erwerben.

1b. Die <u>Ziele</u>, die durch die Einführung eines flexiblen Fertigungssystems angestrebt werden, sind eine Senkung der Produktionskosten bei gleichzeitiger Erhöhung der Produktflexibilität.[1] Bei der Festlegung des <u>Einführungszeitpunktes</u> sollten die Erfolgschancen eines frühen Einstiegs als Pionier in der eigenen Branche abgewogen werden gegenüber den Erfolgschancen, die mit einer "Strategie des Abwartens" verknüpft sind. Ausschlaggebend für die Wahl ist die Wettbewerbsstrategie des Unternehmens. Verfolgt ein Unternehmen z.B. eine 'Differenzierungsstrategie', entschließt es sich frühzeitiger zu einer Prozeßinnovation, als wenn es eine Strategie der Kostenführerschaft anstrebt, da "die Produktion Anpassungs- und Innovationsfähigkeit bei hoher Qualität gewährleisten muß".[2] Die <u>Art der Systemveränderung</u> kann je nach der Größe der Implementierungsschritte als kontinuierliche Modifikation, stufenweise Einführung oder sprunghafte Einführung in einem Investitionsschub erfolgen. Die Einführung an Hand eines Stufenplans hat sich als die günstigste erwiesen, weil sie einerseits der Gefahr des Verzettelns vorbeugt, andererseits aber das Unternehmenspotential nicht überfordert. Sie wird auch in der Praxis am häufigsten angewandt.[3]

2. In diesem Schritt müssen die fertigungstechnologischen Anforderungen des bestehenden Produktprogramms analysiert werden. Dazu gehört z.B. die Zusammenstellung geeigneter Teilefamilien, die auf dem flexiblen Fertigungssystem produziert werden sol-

---


1  Vgl. Bühner, Rolf (1986), S. 70.
2  Wildemann, Horst (1986b), S. 341.
3  Vgl. Wildemann, Horst (1986b), S. 347f.

len.[1] Darüber hinaus müssen zukünftige Entwicklungen abgeschätzt werden durch eine Untersuchung der Lebenszyklen der Produkte und der technischen Trends in der Fertigung.

3. Die Entscheidung über die Einführung eines flexiblen Fertigungssystems muß von der Geschäftsleitung gefällt werden, da sie Auswirkungen auf alle Bereiche des Unternehmens hat.

4. Es gibt grundsätzlich drei Alternativen:
   - vollständige Eigenentwicklung und Produktion des neuen Systems,
   - Kauf eines Basissystems und dessen Weiterentwicklung,
   - Kauf eines Turn-Key-Systems von einem Hersteller.
   Da die erste und die dritte Alternative sich entweder als zu aufwendig oder als nicht geeignet erweisen, wird am häufigsten die mittlere Form praktiziert mit der Konsequenz, daß ein flexibles Fertigungssystem nur dann erfolgreich eingeführt werden kann, wenn Hersteller und Anwender sehr gut zusammenarbeiten.[2]

5a. Die Maschinen eines flexiblen Fertigungssystems können entweder völlig getrennt von den übrigen Fertigungsanlagen aufgestellt und genutzt werden quasi als "Inseln neuer Produktionstechnologie"[3]. Oder sie werden in das bestehende Produktionssystem ganz oder teilweise integriert. Sehr viele FFS-Anwender präferieren eine Teilintegration, bei der das flexible Fertigungssystem nur an einige Bereiche des Unternehmens, z.B. an die Fertigungssteuerung, angebunden wird. Denn die Kosten für die Einhaltung der Systemsicherheit, für die Systemverwaltung und die Qualifizierung der Mitarbeiter steigen bei einem höheren Integrationsgrad überproportional, während sich der Nutzen der Integration nur unterproportional erhöht. Von dem gewählten Integrationsgrad hängt dann auch ab, wie die Ablauf- und die Aufbauorganisation festgelegt wird.

---

1  Vgl. Steinhilper, Rolf (1984), S. 12.
2  Vgl. Wildemann, Horst (1986b), S. 349ff.
3  Wildemann, Horst (1986b), S. 349.

5c. Da flexible Fertigungssysteme mit einer komplizierteren Technologie als herkömmliche Maschinen ausgestattet sind,  müssen die
Bediener dieses Systems auch über spezielle Kenntnisse verfügen.
Das erhöht ihre Bedeutung und Unentbehrlichkeit für die Produktion.  Deswegen ist es wichtig, daß Widerstände, die die Mitarbeiter möglicherweise der neuen Technologie entgegenbringen,
frühzeitig durch umfassende Informationen abgebaut werden.
Außerdem müssen die Mitarbeiter intensiv an den neuen Systemen
geschult werden,  wobei sie allerdings über Kenntnisse aus den
Bereichen Elektronik,  Hydraulik,  Pneumatik und NC-Programmie-
rung verfügen sollten.[1] Die meisten Unternehmer ziehen für ihre
Mitarbeiter eine vorbereitende Schulung oder eine parallele Wei-
terbildung vor,  da durch eine Schulung direkt am System,  also
"learning by doing",  das System zu oft still stehen muß wegen
der häufigen Bedienungsfehler.[2]

6.  Für die organisatorische Einführung eines flexiblen Fertigungssystems eignet sich am besten die Projektorganisation.  Sie stellt
ein Team aus Spezialisten zusammen,  die losgelöst vom Tagesgeschäft sich der Bewältigung einer zeitlich befristeten, komplexen
Aufgabe widmen können.[3] Die Durchführung eines Innovations-
vorhabens,  und speziell die Einführung eines flexiblen Fertigungssystems,  stellt eine solche Aufgabe dar.[4] Um erfolgreich
wirken zu können,  sollte eine Projektorganisation folgenden Anforderungen genügen:

a.  Mitarbeiter der Herstellerfirma sollten in dem Projektteam
mitarbeiten,  damit die Anpassung des flexiblen Fertigungssystems an das Unternehmen auf allen Schritten fachmän-
nisch begleitet wird.

b.  Führungskräfte der obersten Ebene ebenso wie das mittlere
Management sollten in den Einführungsprozeß integriert wer-


1    Vgl. Bühner, Rolf (1987), S. 260.
2    Vgl. Wildemann, Horst (1986b), S. 357.
3    Vgl. Frese, Erich (1984), S. 463.
4    Vgl. Hirzel, Matthias (1986), S. 505.

den, da sie sowohl als Initiatoren zukünftigen Technologieeinsatzes als auch motivierend für die Mitarbeiter wirken.[1]

c. Zur Lösung von Spezialaufgaben sollten externe Berater herangezogen werden. Sie können als Experten die Einführung beraten, ohne daß sich das Unternehmen langfristig an sie bindet.[2]

d. Meistens verfügt ein Unternehmen nicht über genügend qualifizierte Mitarbeiter, um ein flexibles Fertigungssystem zu betreiben. Deswegen müssen neue Mitarbeiter eingestellt werden. Im Projektteam sollten neue und erfahrene Mitarbeiter in der richtigen Mischung zusammenarbeiten. Das gewährleistet, daß neue Kenntnisse eingebracht und mit vergangenen Produktionserfahrungen verbunden werden. Außerdem wird so die Integration des Projektteams in das herkömmliche Produktionssystem erleichtert, sobald nach erfolgreicher Installation die Projektorganisation aufgelöst wird. Ob die Projektmitarbeiter auch weiterhin die Betreiber des flexiblen Fertigungssystems bleiben, hängt erstens vom gewählten Integrationsgrad ab und wird zweitens von der gewählten Arbeitsorganisation bestimmt, d.h. ob Strukturtyp A oder B gewählt wurde.

Wie wichtig die Einrichtung einer Projektorganisation für die erfolgreiche Implementierung eines flexiblen Fertigungssystems ist, zeigen die Ergebnisse einer empirischen Untersuchung: 42 % der FFS-Anwender, die keine Projektorganisation wählten, klagten über mangelnde Effizienz der Einführung und über ein Verharren auf einem niedrigeren als dem angestrebten Leistungsniveau.[3]

Auch die beiden anschließenden Fallbeschreibungen schildern die Einführung flexibler Fertigungssysteme mit Hilfe von Projektgruppen. Die erste Fallbeschreibung bei der Gebr. Heller GmbH schildert ein eigenerstelltes Fertigungssystem, die zweite Fallbeschreibung bei der Klöckner-Humboldt-Deutz AG ein fremderstelltes Fertigungssystem, das

1 Vgl. Pravda, Gisela (1985), S. 55f.
2 Vgl. Wildemann, Horst (1986b), S. 356f.
3 Vgl. Wildemann, Horst (1986b), S. 355.

an das Unternehmen angepaßt wurde. Das hat zur Folge, daß im zweiten Fall die Hersteller-Anwender-Beziehung zusätzlich organisiert werden muß. Es ändert jedoch nichts an der Abfolge der Innovationsschritte.

**Fallstudien**

**I. Gebr. Heller, Maschinenfabrik GmbH, 7440 Nürtingen**

**1. Die Unternehmensstruktur**

Die Gebr. Heller Maschinenfabrik GmbH wurde 1894 gegründet. Ihre Produktpalette besteht aus:

1.  Serienmaschinen: Produktionsfräsmaschinen, Bearbeitungszentren, Fertigungssystemen, Nocken- und Kurbelwellenfräsmaschinen,

2.  Sondermaschinen: Ein- und Mehrwegmaschinen, Transferstraßen und flexiblen Transfersystemen, Montagelinien und

3.  Produkten der Antriebs- und Steuerungstechnik (Hydraulik, Elektronik).

Die Umsatzentwicklung der letzten fünf Jahre war durch ein stetiges Wachstum gekennzeichnet. Der Umsatz stieg von 200 Mio. DM auf 240 Mio. DM 1985 und betrug 1986 ca. 320 Mio. DM. Dieser Wachstumsprozeß machte eine Änderung der Organisationsstruktur erforderlich. Während bisher die Abteilungen nach Funktionen gegliedert waren, wird jetzt eine Divisionalisierung der Struktur angestrebt. Geplant ist eine Einteilung in die drei Sparten Serienmaschinen, Sondermaschinen und Elektrik/Elektronik. Jede Sparte soll ihre eigene Konstruktion, Produktion, Materialwirtschaft und Vertrieb erhalten. Auch die Forschungs- und Entwicklungsabteilungen, die zur Zeit noch zentral betrieben werden, sollen in Sparten aufgegliedert werden. Bis Ende 1987 sollen diese Umstrukturierungsmaßnahmen abgeschlossen sein.

## 2. Die Organisation des Flexiblen Fertigungssystems (FFS)

Die Entwicklung des flexiblen Fertigungssystems entstammt dem Wunsch, die Vorteile der automatischen Fertigung einer Transferstraße mit der Flexibilität eines Bearbeitungszentrums zu verbinden. Angestrebt wird eine Rationalisierung der Fertigung bei gleichzeitiger Steigerung der Fertigungsschnelligkeit und -reaktionsfähigkeit und der Qualität der Produkte.[1]

Diese Ziele verfolgte auch die Gebr. Heller GmbH, als sie 1974 ihr erstes flexibles Fertigungssystem in der Produktion einsetzte.

Die Eigenschaften des Produktprogramms:

- mehrstufige Produkte, die Einzelanfertigungen oder Standardfertigungen mit vielen Sonderausrüstungen sind,

und die Eigenschaften des Produktionsprozesses:

- Einzel- und Serienfertigung, wobei die Eigenfertigungstiefe aller Konstruktionsteile sehr groß ist,

ließen den Einsatz eines flexiblen Fertigungssystems für den Serienfertigungsanteil als geeignet erscheinen. Außerdem setzt die Gebr. Heller GmbH flexible Fertigungssysteme nicht nur in der eigenen Produktion ein, sondern sie verkauft sie auch. Sie kann also die Erfahrungen, die sie mit einem flexiblen Fertigungssystem bei sich macht, auf die flexiblen Fertigungssysteme übertragen, die sie verkauft und so evtl. auftretende Probleme vorab an den im eigenen Haus erstellten Systemen beseitigen.

Die Planung, Entwicklung und Durchführung des ersten flexiblen Fertigungssystems wurde betreut von einer zu diesem Zwecke gebildeten Projektgruppe. Ihr gehörten auch die zukünftigen Anlagenführer

---

1  Vgl. Junghanns, Wolfgang (1986), S. 161.

an. Dadurch wollte man mögliche Widerstände gegen die neue Technologie abbauen und so die Motivation steigern.

Ein flexibles Fertigungssystem besteht aus folgenden Elementen:

1.  Bearbeitungszentren, die sich voll ersetzen,

2.  verschiedenen Transportsystemen: Werkstückpaletten, Regal-, Induktivförderzeuge und NC-Portallader,

3.  einem hierarchisch aufgebauten Steuerungssystem:
    Zentralrechner          ---     Gesamtunternehmen
    Leitrechner             ---     Gesamtfertigungssystem
    Zellenrechner           ---     Bereiche des Fertigungssystems
    Maschinensteuerung      ---     Bearbeitungszentren.

Das Steuerungssystem wurde deswegen so dezentral aufgebaut, damit das Gesamtsystem weniger störanfällig ist, und damit die Autonomie und die Verantwortung der einzelnen Bereiche erhalten bleibt. Außerdem konnte man so Standardelemente beim Aufbau verwenden und mußte sich kein System maßschneidern lassen, was sehr viel teurer gewesen wäre. Bis auf das Beladen der Paletten mit Werkstücken und die Bereitstellung der Werkzeuge kann das flexible Fertigungssystem vollautomatisch betrieben werden.

Auf dem flexiblen Fertigungssystem werden Aufträge von 10 bis 40 Stück pro Auftrag produziert. Jedoch kann man bis zu 50 % von diesen Stückzahlen abweichen, ohne daß sich die Herstellkosten wesentlich erhöhen. Desweiteren drückt sich die Flexibilität des Systems darin aus, daß es für 100 verschiedenartige Werkstücke geplant war, daß aber heute 300 verschiedenartige Werkstücke darauf produziert werden.

Zu einem flexiblen Fertigungssystem gehören die folgenden Arbeitskräfte:

1. Anlagenführer,

2. Werkstückvorbereiter und

3. Werkzeugvorbereiter.

Neben diesen regelmäßigen Arbeitskräften werden in unregelmäßigen Abständen Leute zur Instandhaltung und zur Beseitigung von Störungen benötigt.

Fast alle Funktionen werden von Fachleuten ausgeübt, die Erfahrung mit NC-Maschinen haben.

Dieses gleichwertige Ausbildungsniveau ist notwendig, denn die Gebr. Heller GmbH möchte, daß alle Leute einer Anlagenmannschaft in der Lage sein sollen, alle Arbeitsfunktionen eines flexiblen Fertigungssystems auszuführen. Dadurch soll zum einen sichergestellt sein, daß einer für den anderen einspringen kann, so daß das flexible Fertigungssystem immer funktionsfähig bleibt. Zum anderen soll durch diese Multifunktionalität die gemeinsame Verantwortung einer Anlagenmannschaft für das Produktionsergebnis 'ihres' flexiblen Fertigungssystems gestärkt werden. Zur gemeinsamen Verantwortung wird einer Anlagenmannschaft auch ein gemeinsamer Entscheidungsspielraum gewährt: im Rahmen der Vorgaben durch die Arbeitsvorbereitung kann die Mannschaft versuchen, durch eine rationelle Reihenfolge- und Maschinenbelegungsplanung eine interne Optimierung vorzunehmen.

Obwohl eine direkte leistungsbezogene Entlohnung nicht erfolgt, besteht im Rahmen des Verantwortungsbewußtseins ein Anreiz, Optimierungsmaßnahmen vorzunehmen. Unterstützt wird die Anlagenmannschaft dabei durch den Leitrechner, der Vorschläge zur Abwicklung der Aufträge macht. Die Gebr. Heller GmbH setzt also die Gestaltungsmaßnahme der Arbeitsbereicherung (job enrichment) ein, um die Vorteile der Flexibilität des flexiblen Fertigungssystems stärker zu nutzen.[1] Die Arbeitsorganisation ist demnach dezentral aufgebaut, so daß jedes FFS fast ein Unternehmen für sich darstellt. Sowohl die Werkstückvielfalt als auch die Herstellung kleiner Serien erfordern eine häufige Änderung der Steuerungsdirektiven. Die Änderungen werden am kostengünstigsten durch Fachleute vor Ort vorgenommen. Diese Fachleute benötigen jedoch einen gewissen Entscheidungsspielraum. Der wird ihnen von der Gebr. Heller GmbH durch die Möglichkeit der internen Optimierung gewährt. Somit erfolgt die Arbeitsorganisation innerhalb eines flexiblen Fertigungssystems in Übereinstimmung mit den Ergebnissen der Transaktionskostentheorie: Bindung von Fachkräften an das Unternehmen durch Übertragung von Entscheidungsgewalt und Verantwortung, "lest productive values be sacrificed if the employment relation is unwrittingly severed."[2]


## II. Klöckner-Humboldt-Deutz AG
## 5000 Köln 80


### 1. Die Unternehmensstruktur

Die Klöckner-Humboldt-Deutz AG (KHD) besteht seit ca. 100 Jahren. Ihr Produktprogramm umfaßt landtechnische Produkte, Dieselmotoren und Industrieanlagen. In diese drei Bereiche ist das Unternehmen auch organisatorisch unterteilt. Während in den vergangenen Jahren die Produktion aller drei Produktgruppen zentral in einem Vorstandsbereich zusammengefaßt war, wird die Einteilung zur Zeit so geändert, daß jeder Unternehmensbereich auch für die Produktion seiner Produkte verantwortlich ist. Dadurch wird die Organisation stärker divisionalisiert und erhält die folgende Struktur:


1   Vgl. Bühner, Rolf (1986), S. 73.
2   Williamson, Oliver E. (1981a), S. 563.

**Schaubild 8:    Organisationsstruktur der Klöckner-Humboldt-Deutz AG**

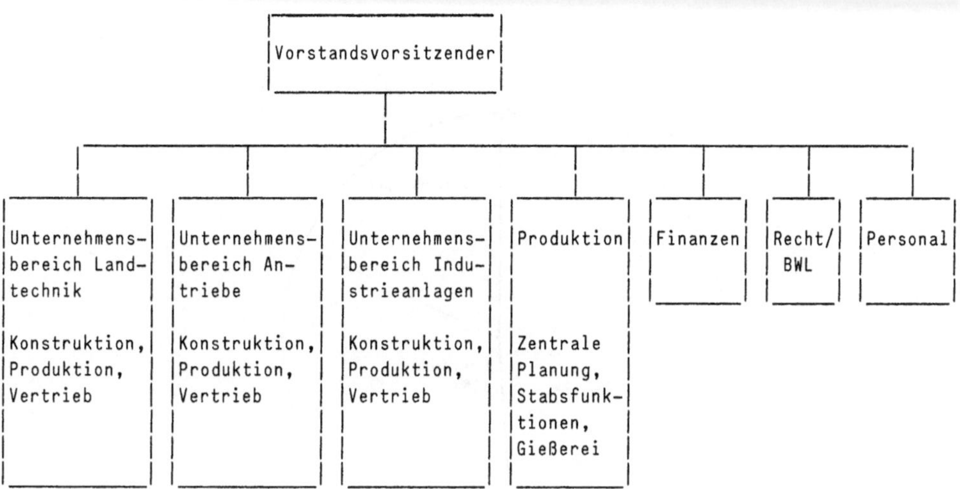


Die folgende Graphik veranschaulicht die ökonomische Bedeutung der einzelnen Unternehmensbereiche.

**Schaubild 9:**     **Umsatzanteile der Unternehmensbereiche der Klöckner-Humboldt-Deutz AG**

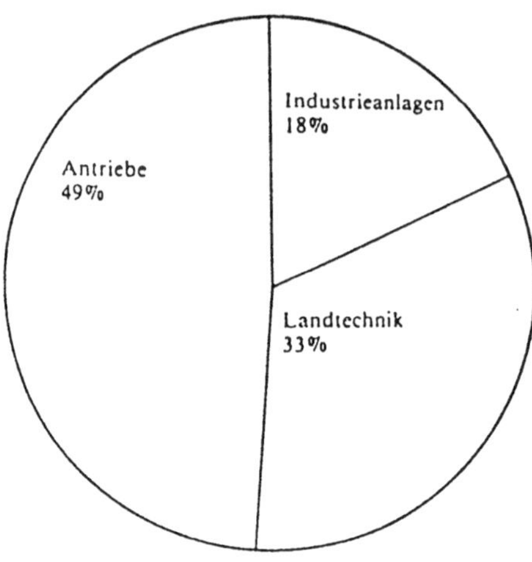


QUELLE: Müller-Pleuss, Joseph H. (1980), S. 466.

Jeder Unternehmensbereich beschäftigt eine eigene FuE-Abteilung.
Auch wenn diese Abteilungen in einem gemeinsamen Entwicklungswerk
untergebracht sind, werden sie doch strikt als Spartenlabors geführt.

Im Jahre 1984 beschäftigte die Klöckner-Humboldt-Deutz AG 20.271
Mitarbeiter, das sind 810 weniger als 1983. Die Umsatzentwicklung
verlief im selben Zeitraum eher zurückhaltend. Während die Inlands-
umsätze zurückgingen, war 1984 ein Anstieg der Auslandsumsätze um
43 % zu verzeichnen. Auch für die Zukunft wird ein wenn auch ge-
mäßigtes Umsatzwachstum erwartet.

## 2. Die Organisation des flexiblen Fertigungssystems

Das flexible Fertigungssystem gehört zum Unternehmensbereich Antriebe. Es wird dort neben herkömmlichen Produktionsverfahren zur Herstellung von Hauptteilen für Kleindieselmotoren und Schiffsmotoren eingesetzt. Dabei handelt es sich um Standarderzeugnisse mit kundenspezifischen Varianten, die überwiegend in Serienfertigung, aber auch in Kleinserien- und Einzelfertigung hergestellt werden.

Das flexible Fertigungssystem war 1982 angeschafft worden als zusätzliche Produktionskapazität für einen bestimmten Motor, für den man mit einer Steigerung der Aufträge rechnete. Das flexible Fertigungssystem sollte also für die Serienfertigung eingesetzt werden an Stelle einer Transferstraße. Da sich die Erwartungen bzgl. der Auftragssteigerung nicht erfüllten, wird das FFS heute auch für die Herstellung von Einzelteilen und von kleineren Serien eingesetzt. Seine Kapazität ist zu 30 % mit der Fertigung kundenspezifischer Teile ausgelastet, die restliche Kapazität dient zur Abarbeitung von sonstigen Auftragsspitzen.

Die Maschinen des flexiblen Fertigungssystems wurden von der Firma Burkhard & Weber, die EDV-hard- und software von Siemens hergestellt. Für die hardware wurden Standardausführungen genommen, dagegen wurde die software speziell für KHD entwickelt. Nachdem der Vorstand die Entscheidung für den Kauf des flexiblen Fertigungssystems getroffen hatte, das insgesamt ca. 10 Mio. DM kostete, wurde eine Projektgruppe gebildet, die die Installierung und Inbetriebnahme des flexiblen Fertigungssystems organisatorisch betreute. In dieser Gruppe waren neben Mitarbeitern der Zentralen Planung auch Mitarbeiter aus dem Fertigungsbereich vertreten, die das System später bedienen sollten. Durch die Einbeziehung der zukünftigen Anlagenbesatzung in den Planungsprozeß wollte man sowohl ihr Fachwissen nutzen als auch die Leute für die Arbeit an dem neuen System motivieren. Die Anlagenbesatzung rekrutierte man aus den eigenen Reihen. Für die Arbeit am FFS wurden sie sowohl durch Siemens als auch durch unternehmensinterne Kurse geschult. Die Anlagenmannschaft besteht aus einem Anlagenführer, seinem Stellvertreter und zwei Maschinenbedienern pro Schicht.

Es handelt sich um qualifiziertes Fachpersonal, wobei der Anlagenführer Betriebsingenieur und die Maschinenbediener Facharbeiter mit Erfahrung an NC-Maschinen sind. Diese Mannschaft bedient das flexible Fertigungssystem, das aus drei (geplant sind vier) sich ersetzenden Bearbeitungszentren, einem schienengebundenen Transportfahrzeug und einem Leitrechnersystem (ausgeführt als speicherprogrammierbare Steuerung) besteht.

Das flexible Fertigungssystem ist also durch einen hohen Automatisierungsgrad gekennzeichnet. Bis auf die Beladefunktion und die Bereitstellung der Werkzeuge könnte es sogar vollautomatisch betrieben werden. So wird es aber bei KHD nicht eingesetzt. Statt dessen wird das FFS folgendermaßen gesteuert:

1. Die Abteilung Arbeitsvorbereitung erstellt die Arbeitspläne und die NC-Programme.

2. Die Steuerung und die Kontrolle des Fertigungsablaufs erfolgt durch die Anlagenmannschaft selbst, indem sie die Belegungs- und Reihenfolgepläne festlegt. Zu diesem Zweck ist es der Mannschaft auch erlaubt, eigenmächtig Korrekturen an den NC-Programmen vorzunehmen, was sonst den Arbeitern an den herkömmlichen NC-Maschinen nicht gestattet ist.

3. Eine weitere wichtige Funktion der Anlagenmannschaft ist die Behebung von Störungen des flexiblen Fertigungssystems, die relativ häufig auftreten, da dieses FFS eines der ersten seiner Art war und deswegen noch unter 'Kinderkrankheiten' zu leiden hat.

Die Organisation des flexiblen Fertigungssystems läßt sich als 'dezentrale Organisationsform' des Strukturtyps B charakterisieren. Auf den ersten Blick scheint das im Widerspruch zu der These zu stehen, daß bei Serienfertigung eher eine zentrale Organisation betrieben werden sollte.[1] Eine Erklärung mag darin liegen, daß das System bei der Klöckner-Humboldt-Deutz AG für eine Vielzahl unterschiedlicher Fertigungsaufgaben eingesetzt wird. Daraus folgt, daß eine Vielzahl unterschiedlicher Dinge zu regeln und zu entscheiden ist. Nicht nur die Fertigungsaufgaben sind vielfältig. Auch die Störanfälligkeit des Systems bedingt, daß immer wieder neue Probleme auftauchen, die ad hoc entschieden werden müssen. Der Ablauf des Produktionsprozesses gleicht mehr dem Ablauf bei Einzel- und Kleinserienfertigung als bei Serienfertigung: die Maschinen werden häufig um- bzw. neueingestellt. In einem solchen Fall ist es am kostengünstigsten, wenn die Steuerung des Systems von innen erfolgt, d.h., wenn sie den Systembedienern übertragen wird. Dazu müssen die Systembediener über ein hohes Qualifikationsniveau verfügen, das sie bei der Klöckner-Humboldt-Deutz AG dadurch erwerben, daß sie intensiv geschult werden und außerdem von Anfang an in die Projektarbeit miteinbezogen werden.

Aufgrund dieser Fallstudien läßt sich folgendes Schema aufstellen, das die Innovationsschritte und ihre Organisation bei der Einführung eines flexiblen Fertigungssystems wiedergibt. Dabei wurde besonders die FFS-Einführung bei der Klöckner-Humboldt-Deutz AG berücksichtigt, da dort die Organisationsformen am deutlichsten beschrieben werden.

---

1 Vgl. Lutz, Burkart (1982), S. 99.

**Schaubild 10:   Die Einführung eines flexiblen Fertigungssystems**

| Innovationsschritte | Organisation |
|---|---|
| 1. Prüfung der Einsatzmöglich-<br>keiten | ⎫ |
| 2. Prüfung der Hersteller-<br>firmen | ⎬ Gruppe von Mitarbeitern der<br>Abteilung 'Zentrale Planung' |
| 3. Entscheidung der Geschäfts-<br>leitung über die Bildung<br>einer Projektgruppe | ⎭ |
| 4. Prüfung fertigungstechnolo-<br>gischer Erfordernisse<br>a. mögliche Werkstück-<br>spektren<br>b. Fertigungsabläufe<br>c. Fertigungsmittel<br>d. ausführliche Arbeits-<br>beschreibungen künfti-<br>ger Tätigkeiten<br>e. Qualifikationsanforde-<br>rungen<br>f. tarifvertragliche und<br>gesetzliche Rahmenbe-<br>dingungen | ⎫<br><br>Projektgruppe aus Mitgliedern<br>der Zentralen Planung, der<br>Fertigungsabteilung und der<br>Herstellerfirma<br>⎬ |
| 5. Entscheidung der Geschäfts-<br>leitung und Auftrag zur | |
| 6. Einführung eines FFS in Zu-<br>sammenarbeit mit der Her-<br>stellerfirma | |
| 7. Schulung der Mitarbeiter | a. Schulungskurse des Her-<br>stellers, Kurse des Un-<br>ternehmens<br>b. Schulung im Verlauf des<br>Produktionsprozesses<br>(Training-on-the-job) |
| 8. Eventuelle Wirtschaftlich-<br>keitskontrolle | |

Bei der Koordination der einzelnen Innovationsschritte fallen die
folgenden Transaktionskostenarten an:

1. Suchkosten
2. Such- und Selektionskosten
3. Entscheidungskosten
4. Such- und Selektionskosten, Vergleichskosten
5. Entscheidungskosten
6. Informationskosten im engeren Sinn
7. Informationskosten
8. Kontrollkosten

Vertrauenskosten entstehen bei allen Tätigkeiten.

Wie bei einer Produktinnovation lassen sich die Transaktionskosten einer Prozeßinnovation als der bewertete Verzehr folgender Faktoren, der Koordinationsvariablen darstellen:

1. Informationen der Geschäftsleitung über ihre Wettbewerbsstrategie an die Projektgruppe (L) = $I_L^{GL}$,

2. Informationen der Herstellerfirmen über ihre Systemangebote = $I^{ex}$,

3. Informationen von Unternehmensabteilungen z.B. über Fertigungsverfahren, Entwicklungen auf den Absatz- und Beschaffungsmärkten = $I^{Ab}$,

4. Koordinationsmaßnahmen innerhalb der Projektgruppe und gegenüber anderen Unternehmensbereichen = $K_{oo}$,

5. Informationen von der Projektgruppe an die Geschäftsleitung zur Entscheidungsvorbereitung = $I_{GL}^{L}$,

6. Informationsweitergabe an die Mitarbeiter der Fertigungsabteilung = $I^{F}$,

7. Maßnahmen zur Überwindung von Widerständen in der Fertigung = $Üb^{F}$.

Als Gleichung lassen sich die Transaktionskosten einer Prozeßinnovation dann so darstellen:

$$TK^{PrI} = p*I_L^{GL} + p*I^{ex} + p*I^{Ab} + p*K_{oo} + p*I_{GL}^L + p*I^F + p*Üb^F$$

Diese Gleichung wird in einem späteren Kapitel benutzt, um die Transaktionskosten verschiedener Organisationsformen zu vergleichen.

# C. Anwendung der Transaktionskostentheorie

## I. Allgemeine Gesetzmäßigkeiten

Da in dieser Arbeit die Transaktionskosten als Bewertungsmaß für die Güte organisatorischer Regelungen herangezogen werden, sollen in diesem Kapitel die Annahmen der Transaktionskostentheorie und ihre wichtigsten Gesetzmäßigkeiten dargestellt werden. Im anschließenden Kapitel wird gezeigt, wie diese Gesetzmäßigkeiten zur Konzipierung und Beurteilung organisatorischer Regelungen für Innovationen verwandt werden können.

Diese Darstellung basiert auf dem Artikel von Williamson: 'The Modern Corporation: Origins, Evolution, Attributes', in dem Williamson versucht, "to provide a coherent view of the modern corporation."[1] Sie wird in folgenden Schritten vollzogen: Zuerst werden die Annahmen, die die Transaktionskostentheorie über das Verhalten der Wirtschaftssubjekte macht, erläutert, indem aufgezeigt wird, in wiefern sie sich von den Annahmen der neoklassischen Theorie der Unternehmung unterscheiden. Aus dieser Gegenüberstellung wird ein umfassenderes Verständnis des transaktionskostentheoretischen Konzepts erwartet. Anschließend wird dargestellt, daß man mit Hilfe der Transaktionskostentheorie organisatorische Effektivität messen kann, indem die Ergebnisse der Untersuchungen von Schmitz wiedergegeben werden.[2]

Den Abschluß bildet die Darstellung und Untersuchung der drei Organisationsprinzipien, die nach Williamson[3] bei dem von der Transaktionskostentheorie unterstellten Verhalten der Wirtschaftssubjekte zu größtmöglicher organisatorischer Effektivität führen.

---

1   Williamson, Oliver E. (1981b), S. 1540.
2   Vgl. Schmitz, Rudolf (1988).
3   Vgl. Williamson, Oliver E. (1981b), S. 1547ff.

Da es an ausführlichen und erschöpfenden Darstellungen der Theorie der Unternehmung in der Literatur nicht mangelt,[1] seien hier nur die Annahmen wiedergegeben, die sich von den Annahmen der Transaktionskostentheorie unterscheiden.

1. Alle Wirtschaftssubjekte handeln nach dem ökonomischen Prinzip.

2. Es herrscht vollständige Information der Wirtschaftssubjekte. Das bedeutet, daß sowohl mit den effizientesten Produktionsverfahren produziert wird, als auch, daß vollständige Transparenz auf den Güter- und Beschaffungsmärkten herrscht.

3. Kein Marktteilnehmer genießt besondere Präferenzen oder verfügt über wirtschaftliche Macht.

4. Zu der Festlegung des gewinnoptimalen Produktionsplans werden die fixen Kosten nicht herangezogen, da sie als nicht variierbar angesehen werden.

Als Folge dieser Annahmen werden identische Güter zu identischen Preisen gehandelt. Diese Preise sind für das einzelne Unternehmen ein Datum. Es kann seinen Gewinn nur dadurch maximieren, daß es eine Produktionsmenge fertigt und anbietet, deren Preis gleich ihren Grenzkosten ist, vorausgesetzt, der Preis ist höher als die durchschnittlichen variablen Kosten und deckt so einen Teil der Fixkosten.

Im Gegensatz dazu geht die Transaktionskostentheorie von folgenden Annahmen aus:

1. Die Wirtschaftssubjekte verhalten sich nur eingeschränkt rational, da sie nur über eine begrenzte Kapazität zur Aufnahme und Verarbeitung von Informationen verfügen. Außerdem betreiben sie die Durchsetzung ihrer eigenen Interessen, wenn es sein muß, mit List.[2]

2. Da nicht jeder alles weiß und nicht alle Wirtschaftssubjekte ihre Pläne offenbaren (unvollständige Information und unvollständige Transparenz), müssen wirtschaftliche Aktivitäten koordiniert wer-

---

1  Vgl. Schumann, Jochen (1980), S. 89ff und S. 165ff.
2  Vgl. Williamson, Oiver E. (1981b), S. 1545.

den. Das bedeutet z.B. für ein Unternehmen, daß es zur Güterproduktion außer den Produktionsfaktoren noch Koordinationsleistungen zur Durchführung der Transaktionsprozesse benötigt. Diese Koordinationsleistungen bestehen i.w. darin, die Mitarbeiter mit den erforderlichen Informationen über die Produktion und den Absatz der Güter zu versorgen und etwaigem opportunistischem Handeln mit Überzeugungskraft entgegenzutreten. Die dabei entstehenden Kosten werden in dieser Arbeit, wie schon an anderer Stelle ausgeführt,[1] als Transaktionskosten bezeichnet.

3. Es bestehen sehr wohl Präferenzen für einzelne Marktteilnehmer, da die Höhe der Transaktionskosten differiert je nach dem Informationsstand und dem Opportunismus des jeweiligen Güterproduzenten. Auch sind einige Marktteilnehmer in der Lage, wirtschaftliche Macht auszuüben, z.B. wenn sie über spezielle Informationen oder Kenntnisse verfügen. Dann sind sie gesuchte Partner und können bei einem Leistungsaustausch günstigere Bedingungen aushandeln.[2] Dadurch gibt es auf den Märkten keine identischen Güter und auch keine einheitlichen Preise. Deswegen verhalten sich im Gegensatz zur neoklassischen Theorie auch nicht alle Unternehmen gleich, d.h. agieren als Mengenanpasser, sondern jedes Unternehmen verfolgt eigene Ziele und entwickelt dazu eigene Strategien. Dennoch läßt sich ein allen Unternehmen gemeinsames Verhaltensmuster ausmachen: Sind die Ziele und Strategien und damit das langfristige Leistungsangebot bestimmt, versuchen die Unternehmen die Erstellung und Verwertung dieses Angebots so zu organisieren, daß ihre Produktions- und Transaktionskosten minimal werden.[3]

4. Bei der Bestimmung ihres Produktionsplanes berücksichtigen die Unternehmen sowohl Produktionskosten als auch Organisationskosten, d.h. von der Ausbringung unabhängige Kosten, da sie neben dem Produktionsprogramm auch seine Organisationsform festlegen.

---

1 Vgl. S. 13.
2 Vgl. Williamson, Oliver E. (1981a), S. 563.
3 Vgl. Williamson, Oliver E. (1981b), S. 1551.

Die Transaktionskostentheorie ist nicht die einzige Theorie, die die Organisation als Produktionsfaktor erfaßt. Auch Gutenberg zählt Planung und Organisation zu den Produktionsfaktoren.[1] Allerdings bezeichnet er sie als derivative Faktoren, die abhängen von dem eigentlich originären Faktor der dispositiven menschlichen Arbeitsleistung. Bei dispositiver Arbeit handelt es sich um die Leitung und Lenkung des Unternehmens. Deren Güte und Qualität bestimmen ihrerseits die Güte und Qualität der Planung und Organisation eines Unternehmens.

Um Bedingungen für eine optimale Organisation aufstellen zu können, müßte die Effizienz des dispositiven Faktors bestimmt werden. Gutenberg weigerte sich aber, diese Effizienz zu quantifizieren.[2] Dies gelingt jedoch Albach in einem Ausbau der produktivitätsorientierten Organisations- und Personaltheorie.[3] Indem er eine Kostenfunktion der bewerteten objektbezogenen und dispositiven Arbeitsleistungen optimiert, leitet er Bedingungen für eine opimale Kontrollspanne ab. Unter Hinzuziehung von Aussagen der Theorie der Delegation und der Informationssysteme kann er diese Bedingungen näher spezifizieren und so die allgemeine Struktur eines kostenminimalen Organisationsgerüsts entwerfen.

Dieser Ansatz bezieht die Auswirkungen des technischen Fortschritts noch nicht mit ein. Insofern kann er in seiner gegenwärtigen Form zu Aussagen über die Organisation von Innovationen nicht herangezogen werden.

Einen Weg dahin weist die Transaktionskostentheorie. Sie konstatiert, daß es für eine Aufgabe, eine Transaktion, verschiedene Formen der Abwicklung gibt. Dabei schaut sie über den Unternehmensrand hinaus und bezieht in ihre Betrachtungen sowohl Abwicklungen über den Markt als auch Abwicklungen innerhalb eines Unternehmens mit ein.[4]

---

1  Vgl. Gutenberg, Erich (1967), S. 147.
2  Vgl. Albach, Horst (1982), S. 10.
3  Vgl. Albach, Horst (1982), S. 11f.
4  Vgl. Williamson, Oliver E. (1981b), S. 1544.

Als Bewertungsmaßstab werden die gesamten Kosten, die bei der Durchführung einer Transaktion anfallen, herangezogen. Das bedeutet, daß eine Abwicklungsform dann einer anderen Abwicklungsform vorzuziehen ist, wenn ihre Transaktionskosten niedriger sind als die Transaktionskosten der anderen Abwicklungsform.

Im einzelnen kann die komparative Analyse in folgenden Schritten erfolgen:[1]

1. Zusammenstellung verschiedener möglicher Abwicklungsformen,

2. ökonomische Bewertung der einzelnen Abwicklungsschritte und Zusammenstellung der Transaktionskosten,

3. Auswahl der transaktionskostenminimalen Abwicklungsform und

4. Umsetzung der Entscheidung.

Michaelis verdeutlicht die komparative Analyse an Hand der Transaktion: "Abtippen eines handgeschriebenen Forschungsberichtes von 200 Seiten Umfang."[2] Es gibt dafür die verschiedenen Abwicklungsformen: Beauftragung eines Schreibbüros, die kurzfristige Anstellung einer Fachkraft oder die Übertragung dieser Aufgabe einer Sekretärin des Unternehmens. Für alle drei Abwicklungsformen werden ihre Transaktionskosten zusammengestellt. Ausgewählt wird die mit den niedrigsten Kosten.

Wie man an diesem Beispiel sieht, hängen die Transaktionskosten entscheidend davon ab, wie häufig eine Transaktion durchgeführt wird, wie hoch die Investitionen sind, die mit ihr verknüpft sind (Schreibmaschine oder Rechnerautomat erforderlich?), und wie exakt sich das Transaktionsergebnis im voraus bestimmen läßt (Forschungsbericht in Rohfassung oder ausformuliert?). Mit anderen Worten, man

---

1   Vgl. Michaelis, Elke (1985), S. 61.
2   Michaelis, Elke, S. 83.

sieht, daß es i.w. die drei, in einem vorigen Kapitel bereits aufge-
zählten,[1] Merkmale einer Transaktion sind: Häufigkeit, Spezialität
des Transaktionsobjektes und Unsicherheit der Umwelt, die die Abwicklungskosten beeinflussen und unterschiedliche Abwicklungsformen
als effizient erscheinen lassen.[2]

Die Tatsache, daß transaktionskostenminimale Abwicklungsformen
nicht nur die Effizienz, sondern den Unternehmenserfolg insgesamt
erhöhen, wird durch die Untersuchungen von Schmitz belegt.[3] Ihr
Ziel ist die Bestimmung möglicher Determinanten des Unternehmenser-
folgs. Dazu bildet Schmitz modellhaft nach erstens die Zusammenhänge, die zwischen den Eigentumsverhältnissen und dem Unternehmenserfolg bestehen, zweitens die Zusammenhänge, die zwischen der Unternehmensumwelt, der transaktionsminimalen Organisationsstruktur
und dem Unternehmenserfolg bestehen. Empirisch überprüft er die Mo-
dellgleichungen mit Hilfe der Bilanzdaten der Unternehmen der Bonner
Stichprobe. Zur Einteilung dieser Industrieunternehmen in 'Beste'
und 'Schlechteste' wählt er die von Albach aufgestellten Wachstums-
und Renditekriterien.[4] Schmitz kommt zu folgenden Ergebnissen:

1. Die Eigentumsverhältnisse, speziell die dadurch verankerten Kon-
   trollfunktionen, haben einen Einfluß auf den Unternehmenserfolg.

2. Die innerbetriebliche Organisationsstruktur hat einen Einfluß auf
   den Unternehmenserfolg dergestalt, daß die besten Unternehmen
   eine Organisationsstruktur besitzen, die für ihre Unternehmensumwelt transaktionskostenminimal ist, während hingegen die schlechtesten Unternehmen eine Organisationsstruktur mit zu hohen
   Transaktionskosten aufweisen.

3. Zwischen der externen Kontrolle durch die Eigentümer und der internen Kontrolle durch die Unternehmenshierarchie besteht eine
   Substitutionsbeziehung derart, daß bei strenger externer Kontrolle

---

1  Vgl. Kap. A.III.C.
2  Vgl. Williamson, Oliver E. (1981b), S. 1546.
3  Vgl. Schmitz, Rudolf (1988).
4  Vgl. Albach, Horst (1987), S. 637.

die Unternehmensführung stärker dezentralisiert werden kann und umgekehrt. Ferner läßt sich zeigen, daß diese Substitutionsbeziehung von den besten Unternehmen mehr als von den schlechtesten Unternehmen ausgenutzt wird.

Zusammenfassend kann man aus den Schmitzschen Ergebnissen die Schlußfolgerung ziehen, daß eine Organisation des unternehmerischen Kombinationsprozesses nach Gesichtspunkten der Transaktionskostenminimierung zu einer Steigerung des Unternehmenserfolges führt.

Dabei lassen sich transaktionskostenminimale Organisationsstrukturen mit Hilfe dreier Prinzipien gestalten. Williamson weist allerdings darauf hin, daß diese Prinzipien weder erschöpfend aufgezählt noch bis ins Detail ausformuliert seien. Allerdings seien sie plausibel und mit ihrer Hilfe gelänge eine Erklärung der geschichtlichen Entwicklung von Unternehmensstrukturen.[1] Diese Prinzipien sind:
1. das Prinzip der Spezialität des Transaktionsobjektes,
2. das Externalitätsprinzip und
3. das Dekompositionsprinzip.

Die beiden ersten Prinzipien betreffen die Unterteilung Markt vs. Unternehmen und geben Bedingungen an, unter denen eine unternehmensinterne Abwicklung einer Abwicklung durch den Markt vorzuziehen ist.

Das dritte Prinzip gibt Hinweise für die Gestaltung der unternehmensinternen Organisationsstruktur. Da auf dieses Prinzip bei der Untersuchung organisatorischer Regelungen für Innovationen zurückgegriffen wird, wird es ausführlicher als die beiden anderen behandelt. Im einzelnen besagen die drei Prinzipien:

## 1. Das Prinzip der Spezialität des Transaktionsobjektes

Die Kosten einer Transaktion sind hoch, wenn die Spezialität des Transaktionsobjektes groß ist, d.h. wenn die Transaktion ein spezi-

---

1 Vgl. Williamson, Oliver E. (1981b), S. 1547ff.

elles Investitionsgut erfordert, wenn ihre Durchführung eine feste
zeitliche Abstimmung verlangt, oder wenn sie nur durch Mitarbeiter
mit speziellen Fachkenntnissen ausgeführt werden kann.

Für Transaktionen mit dieser Art von Transaktionsobjekten gilt:
"the normal presumption that recurring transactions for
technologically separable goods and services will be efficiently mediated by autonomous market contracting is progressively weakened as asset specificity increases."[1]
Oder positiv formuliert heißt dies:
Wenn eine häufig auftretende Transaktion ein spezielles
Transaktionsobjekt aufweist, dann sinken die Transaktionskosten, wenn diese Transaktion unternehmensintern
durchgeführt wird.

Man kann sich die Plausibilität dieses Prinzips verdeutlichen, indem man sich die Kostenwirkungen einer Transaktion mit speziellem
Transaktionsobjekt vor Augen führt. Eine unternehmerische Abwicklung, z.B. durch Übertragung der Aufgabe an eine Abteilung des
Unternehmens, oder durch Einstellung einer speziellen Fachkraft,
wirkt sich auf die einzelnen Transaktionskostenkomponenten wie folgt
aus:

1. Die Suchkosten nach dem speziellen Investitionsgut sinken, wenn
   das Investitionsgut dem Unternehmen gehört.

2. Die Informationskosten sinken, wenn die speziellen Fachkräfte
   Mitarbeiter des Unternehmens sind und für den Informationsaustausch das interne Informationsnetz benutzt werden kann.

3. Die Entscheidungskosten sinken, wenn die Transaktionspartner einer Unternehmenshierarchie angehören, da diese Entscheidungsträger und -empfänger festlegt.

---

1  Williamson, Oliver E. (1981b), S. 1549.

4. Aushandlungs- und Vergleichskosten sinken, weil der Spielraum der Verhandlungen durch die Arbeitsverträge begrenzt ist.

5. Die Kontrollkosten sinken, weil die Unternehmenshierarchie bereits Kontrollmechanismen vorgibt.

6. Die Vertrauens- bzw. Disincentivekosten sinken, weil die Transaktionspartner über ein gemeinsames Zugehörigkeitsgefühl zum Unternehmen verfügen und von einem gewissen Gleichklang der Interessen ausgehen können. Eine stärkere Bindung von Mitarbeitern mit speziellem Fachwissen und somit eine Reduzierung der Vertrauenskosten kann erreicht werden, indem man sie zu einem 'relational team' verbindet, für das gilt: "the firm will engage inconsiderable social conditioning, to help assure that employees understand and are dedicated to the purposes of the firm, and employees will be provided with considerable job security, which gives them assurance against exploitation."[1]

Während das Prinzip der Spezialität des Transaktionsobjektes allgemein festlegt, wo die Grenze zwischen unternehmensinternen und unternehmensexternen Transaktionen zu ziehen ist, bezieht sich das Externalitätsprinzip auf die Schnittstelle zwischen Produktion und Distribution.

2. <u>Das Externalitätsprinzip</u>

Wenn die Nachfrage nach einem Gut dadurch beeinträchtigt wird, daß Händler dieses Gut nicht in der erwarteten Qualität verkaufen oder einen schlechten Service anbieten, dann gilt:

"the normal presumption that exchange between producers of differentiated goods and distribution stages will be efficiently mediated by autonomous contracting is progressively weakened as demand externalities increase."[2]

Oder positiv formuliert heißt dies:

1 Williamson, Oliver E. (1981a), S. 565.
2 Williamson, Oliver E. (1981b), S. 1549.

Hängt die Nachfrage nach einem Gut stark von der Wahrung eines bestimmten Images ab, dann sollten Produzenten und Händler nicht durch individuelle Verträge miteinander verbunden sein, sondern sie sollten Standardverträge abschließen, die die Händler fest an das Unternehmen binden.

Vergleichbare Regelungen weist das Franchise-System auf.

Auf die Transaktionskosten hat diese stärkere Bindung zwischen Händlern und Produzenten (forward integration)[1] folgende Auswirkungen:

1. Die Suchkosten sinken, da sowohl Händler als auch Produzenten als potentielle Vertragspartner im großen und ganzen wissen, was sie an Leistungen zu erbringen haben, und was sie an Leistungen erwarten können.

2. Die Informationskosten sinken, da viele Dinge vom Produzenten bestimmt und als Anweisungen weitergegeben werden. Umgekehrt sind Mitsprachebefugnisse der Händler eindeutig vertraglich geregelt.

3. Die Entscheidungskosten sinken, da der Produzent sich viele Entscheidungen vorbehält und sich so die Zahl der Entscheidungsträger von vormals einem Produzenten und vielen Händlern auf die Geschäftsführung des produzierenden Unternehmens reduziert.

4. Die Aushandlungs- und Vergleichskosten sinken, da sich die Verträge zwischen dem Produzenten und den Händlern an einem Einheitsvertrag orientieren.

5. Die Kontrollkosten sinken, da zum einen die zu kontrollierenden Tatbestände und zum anderen die Sanktionen vertraglich geregelt sind.

---

1  Vgl. Williamson, Oliver E. (1981b), S. 1549.

6. Die Vertrauens- bzw. Disincentivekosten sinken, da der enge ver-
traglische Zusammenschluß ein Zusammengehörigkeitsgefühl und eine
gleiche Zielrichtung fördert.

Während die ersten beiden Prinzipien sozusagen das Profil des
Unternehmens zum Markt zeichnen, beschreibt das dritte Prinzip, wie
die interne Organisationsstruktur transaktionskostenminimal zu gestalten sei.

Um zu verdeutlichen, welche Art Transaktionen am günstigsten
durch den Markt abgewickelt und welche Art Transaktionen am günstigsten innerhalb eines Unternehmens durchgeführt werden, sei das
Schema ausgewählter Koordinationsformen von Picot wiedergegeben,
allerdings abgewandelt durch die in dieser Arbeit verwandten Ter-
mini.

## Schaubild 11:    Auswahl von Koordinationsformen

| Beispiele | Merkmale der Transaktion | | | effektive Koordinations-form |
| | 1. Häufigkeit | 2. Unsicher-heit der Um-welt | 3. Spezialität des Transak-tionsobjektes | |
| --- | --- | --- | --- | --- |
| | selten    oft | normal    groß | gering mittel hoch | |
| Standardin-vestitionsgut | X | X | X       M | kurzfristiger Kaufvertrag |
| Standard-rechtsbera-tung | X | X | X       A R K T | kurzfristiger Dienstvertrag |
| spezielle Vorprodukte | X | X | X | langfristiger Kaufvertrag |
| Verkauf Mar-kenprodukte | X | X | X | Franchising |
| Bedienung ei-gener Anlagen | X | X | X       U N T | Arbeitsvertrag |
| Entwicklung und Wartung spezieller Steuerungs-systeme | X | X | X    E R N E H M E N | langfristiger Arbeitsvertrag |

QUELLE: Picot, Arnold (1982), S. 275, verändert

Wie man an diesem Schema ablesen kann, sind es vor allem Transaktionen, bei denen die Merkmale 'Spezialität des Transaktions-objektes' und 'Unsicherheit der Umwelt' stark ausgeprägt sind, die unternehmensintern und nicht über den Markt abgewickelt werden sollten. Die Kosteneinflußgröße 'Häufigkeit einer Transaktion' "wirkt sich nur verstärkend zusammen mit dem Wirksamwerden der anderen Einflußgrößen aus."[1]

Sind jedoch die Entscheidungen über die unternehmensinternen Transaktionen gefallen, dann wird die Unternehmensorganisation nach bewährter Vorgehensweise gestaltet: Zusammenstellung alternativer Abwicklungsformen, ökonomische Bewertung derselben und Auswahl der kostenminimalen Form. Dabei schält sich als allgemeine Gesetzmäßigkeit das Dekompositionsprinzip heraus. Das Dekompositionsprinzip wird ausführlicher als die beiden ersten Prinzipien begründet, da es zur Organisationsgestaltung für Innovationen herangezogen wird.

## 3. Das Dekompositionsprinzip

Williamson unterscheidet zwischen Transaktionen, die "operating activities" sind, und Transaktionen, die zum "strategic system" gehören.

Unter "operating activities" seien hier alle Tätigkeiten verstanden, die mit der betrieblichen Leistungserstellung und Leistungsverwertung verbunden sind, z.B. die Tätigkeiten Beschaffung, Fertigung, Absatz, Transport oder Lagerhaltung.

Zum "strategic system" gehören dagegen die Aktivitäten der strategischen Unternehmensplanung, die als ein Prozeß verstanden wird, "in dem eine rationale Analyse der gegenwärtigen Situation und der zukünftigen Möglichkeiten und Gefahren zur Formulierung von Absichten, Strategien, Maßnahmen und Zielen führt."[2] Schon aus der Definition wird ersichtlich, daß die strategische Unternehmensplanung im Vergleich zu anderen betrieblichen Tätigkeiten einen weiteren Zeithorizont hat und sich an Daten ausrichtet, die einer weniger starken Änderung unterworfen sind. Das führt dazu, daß auch sie sich nicht so häufig ändert.

1  Picot, Arnold (1982), S. 277.
2  Kreikebaum, Hartmut (1987), S. 26.

Diese zwei Klassen von Transaktionen berücksichtigt das Dekompositionsprinzip:

> "internal organization should be designed in such a way as to effect quasi-independence between the parts, the high frequency dynamics (operating activities) and low frequency dynamics (strategic planning) should be clearly distinguished, and incentives should be aligned within and between components so as to promote both local and global effectiveness."[1] Das besagt, daß Transaktionskosten gespart werden können, wenn die interne Unternehmensstruktur so gestaltet wird, daß operative Geschäftstätigkeiten organisatorisch getrennt von den Aktivitäten der strategischen Unternehmensplanung durchgeführt werden. Außerdem sollten Anreize geschaffen werden, die eine effektive Zusammenarbeit innerhalb der einzelnen Organisationseinheiten und zwischen diesen gewährleisten.

Zunächst soll der erste Teil dieses Prinzips, der sich auf die Zerlegung der Unternehmensstruktur bezieht, belegt werden. Dies geschieht an Hand eines Beispiels, und zwar wird als Beispiel für "strategic activity" die strategische Investitionsplanung gewählt. Es wird versucht zu zeigen, daß Transaktionskosten gespart werden können, wenn die strategische Investitionsplanung von einer anderen als der Produktionsabteilung, die ja die laufenden Fertigungsarbeiten erledigt, durchgeführt, nämlich, wenn die strategische Investitionsplanung der Geschäftsleitung übertragen wird.

Die strategische Investitionsplanung bereitet Investitionsentscheidungen für neue Technologien vor.[2] Dazu muß sie nicht nur eine wirtschaftliche Betrachtung des Einzelprojektes vornehmen, sondern sie muß dieses Projekt einordnen in eine strategische Erfolgspotentialplanung des Unternehmens.

---

1  Williamson, Oliver E. (1981b), S. 1550.
2  Vgl. Wildemann, Horst (1986a), S. 1.

Dazu ist es erforderlich, daß bei der Planung außer den zukünftigen technologischen Entwicklungen die Entwicklungen auf den Absatzmärkten, besonders geplante Produktinnovationen, und die Entwicklungen auf den Beschaffungsmärkten berücksichtigt werden. Die planende Abteilung benötigt also sowohl Informationen von der Produktionsabteilung als auch von der FuE-, der Absatz-, der Einkaufs-, der Personal- und der Finanzabteilung.

Wird die strategische Investitionsplanung von der Unternehmensleitung und damit getrennt von den operativen Aufgaben der Fertigung durchgeführt, dann gilt für die Transaktionskosten:

1. Die Suchkosten sinken, da sich die Unternehmensleitung ohne viel Aufwand Berichte von allen anderen Abteilungen beschaffen kann, indem sie sich des hierarchischen Weisungssystems bedient.[1]

2. Die Entscheidungskosten sinken, da Entscheidungen der strategischen Investitionsplanung als Führungsentscheidungen von der Unternehmensleitung getroffen werden müssen. Übernimmt sie selbst diese Aufgabe, entfallen Zwischenentscheidungsträger.[2]

3. Die Informationskosten sinken, da die Anweisungen, die im Zusammenhang mit der Einführung neuer Technologien erteilt werden müssen, präziser und mit der nötigen Durchsetzungskraft über die Instanzenzüge von oben nach unten gegeben werden können.[3]

4. Die Aushandlungs- und Vergleichskosten sinken z.B. bei Verhandlungen mit Mitarbeitern, die sich für die Arbeit an den neuen Maschinen weiterbilden müssen, da die Unternehmensleitung Höhergruppierung und günstige Karriereaussichten anbieten kann. Bei guten Angeboten sind die Mitarbeiter eher zu zusätzlichen Leistungen bereit.

---

1 Vgl. Gutenberg, Erich (1962), S. 118.
2 Vgl. Gutenberg, Erich (1962), S. 60.
3 Vgl. Gutenberg, Erich (1962), S. 136.

5. Die Kontrollkosten sinken, da die Autorität, die die Unternehmensleitung genießt, die Kontrolle erleichtert.[1]

6. Die Vertrauenskosten sinken, da die Unternehmensleitung am ehesten in der Lage ist, die Mitarbeiter von der Überlegenheit neuer Technologien zu überzeugen.

Diese Überlegungen zeigen, daß geringere Transaktionskosten entstehen, wenn die Unternehmensleitung die strategische Investitionsplanung durchführt. Dieses Postulat gilt nach Kreikebaum für die strategische Unternehmensplanung insgesamt.[2] Jedoch soll sich hier der transaktionskostentheoretische Beweis auf die strategische Investitionsplanung beschränken.

Wenn, wie im vorangegangenen erläutert wurde, es transaktionskostengünstiger ist, strategische und operative Aktivitäten organisatorisch zu trennen, dann ergibt sich schon allein aus der Tatsache, daß beide als Gesamtsystem funktionieren müssen, die Notwendigkeit, daß zwischen ihnen Koordinationsmaßnahmen eingerichtet werden. Aber außer Koordinationsmaßnahmen müssen auch Motivationsmaßnahmen getroffen werden in Form von Anreizen, die die beiden getrennten Organisationseinheiten zu einer guten Zusammenarbeit bewegen. Arbeitsteilige Systeme funktionieren nur unter Berücksichtigung der Koordinations- und der Motivationsdimension.[3]

Dies gilt besonders für das Zusammenwirken strategischer und operativer Aktivitäten. Da Strategien nur auf der Grundlage einer rationalen Analyse der gegenwärtigen Situation entwickelt werden können, bedarf es eines engen Informationsverbundes mit den operativen Abteilungen. Und dieser Informationsaustausch muß laufend durchgeführt werden, damit bei der Bildung von Strategien sich ändernde operative Bedingungen berücksichtigt werden können. Umgekehrt führen operative Aktivitäten ohne strategischen Kompaß in die Irre. Deswegen fordert das Dekompositionsprinzip gleichzeitig mit der

---

1  Vgl. Albach, Horst u.a. (1977), S. 82.
2  Vgl. Kreikebaum, Hartmut (1987), S. 107.
3  Vgl. Frese, Erich (1984), S. 30.

organisatorischen Trennung der beiden Aktivitäten auch die Einführung von Koordinationsinstrumenten.

Der transaktionskostentheoretische Ansatz und seine im vorangegangenen ausführlich erläuterten Prinzipien werden angewandt, um Organisationsstrukturen für Innovationen aufzustellen und zu bewerten. Unter welchen Prämissen dies möglich ist, wird im nächsten Abschnitt erläutert.

## II. Anwendung dieser Gesetze auf die Organisation von Innovationen

Zunächst sei die Definition von Innovationen in Erinnerung gerufen, wie sie in dieser Arbeit verwandt wird:

Eine Innovation ist eine Unternehmensaktivität, die durch Forschung neue Ideen in das Unternehmen einführt, durch Entwicklung diese Ideen weiterverarbeitet und sie anschließend im Produktionsprozeß und auf dem Absatzmarkt ökonomisch verwertet.[1] Innovationen werden in einer Abfolge von Prozeßschritten durchgeführt, deren zwei Antriebskräfte die Innovationsfähigkeit und die Innovationsbereitschaft sind. Die Innovationsfähigkeit der Unternehmensmitglieder steigt, wenn sie die erforderlichen Informationen erhalten. Ihre Bereitschaft, diese Informationen in Innovationen umzusetzen, wächst, wenn ihnen die entsprechenden Anreize gewährt werden.

In dieser Arbeit wird also die Auffassung vertreten, daß Innovationen "produzierbar" sind, d.h. daß sie herbeigeführt werden können.

Die Informationen, die ein Innovationsprozeß im einzelnen erfordert, können sein:

---

1 Vgl. S. 8.

1. alle Auswertungen der betrieblichen Statistik:
   - der Beschaffungsmarktstatistik,
   - der Lagerstatistik,
   - der Personalstatistik,
   - der Finanz- und Bilanzstatistik,
   - der Produktionsstatistik und
   - der Absatzstatistik,

2. Berichte aus externen Quellen, z.B.:
   - Berichte von Forschungsinstituten,
   - Berichte von Verbänden,
   - Berichte öffentlicher Körperschaften.

Diese Informationen werden aufgegriffen und zur Durchführung von Innovationen verwandt, wenn folgende Erwartungen gehegt werden:

1. günstige Gewinne,
2. höhere Marktanteile,
3. Einkommenssteigerungen und beruflicher Aufstieg für den einzelnen Mitarbeiter,
4. Arbeitserleichterung durch den Einsatz neuer Technologien, deren Akzeptanz wiederum stark gefördert wird durch eine umfassende Informationspolitik.

Diese Auffassung, daß Informationen und Überzeugungsmaßnahmen die wichtigsten inputs des Innovationsprozesses sind, unterscheidet sich von der Auffassung von Thom, der den Menschen in den Mittelpunkt des Innovationsgeschehens stellt. Werden seine Kreativität gefördert und seine Widerstände überwunden, dann entstehen Innovationen. Werden jedoch die menschlichen Verhaltensweisen als Treibriehmen für den Innovationsprozeß genommen, so muß man auf Ergebnisse der Kreativitätsforschung zurückgreifen, die sich schwer ökonomisch fassen, z.B. mit Preisen bewerten lassen. Sieht man aber Informationen und Überzeugungsmaßnahmen als Innovationsinputs an, dann kann man diese inputs beschaffen bzw. bereitstellen, d.h. man kann Innovationen als einen Transaktionsprozeß organisieren.[1]

Das ermöglicht die Anwendung der Prinzipien der Transaktionskostentheorie auf das Problem der Organisation von Innovationen. Diese Prinzipien geben Bedingungen an, unter denen Transaktionskosten gespart werden können. Organisiert man also den Innovationsprozeß nach diesen Prinzipien, dann sinken seine Abwicklungskosten. Dadurch wird ein Beitrag zur Erreichung des Unternehmensziels der Gewinnmaximierung geleistet.

Eine Anwendung der Transaktionskostentheorie setzt allerdings voraus, daß in groben Zügen der Ablauf eines Innovationsprozesses bekannt ist. Diese Annahme ist realistisch, denn es wird ja unterstellt, daß Innovationen häufiger im Unternehmen vorkommen. Da es nicht das erste neue Produkt oder Verfahren ist, das im Unternehmen entwickelt wird, wird bekannt sein, welche Abteilung am besten damit betraut wird, wie die Kommunikation zwischen den Abteilungen erfolgen soll, kurz wie der Entwicklungsprozeß zu organisieren sei.

Dieses Wissen vorausgesetzt, kann nun ein Vergleich zwischen verschiedenen Abwicklungsformen mit Hilfe der Transaktionskosten durchgeführt werden. Herangezogen werden dazu die drei Prinzipien der Transaktionskostentheorie.

Das _Prinzip der Spezialität des Transaktionsobjektes_ vergleicht die Kosten einer unternehmensexternen Transaktionsabwicklung mit den Kosten einer unternehmensinternen Abwicklung, wobei die Bedingungen für eine kostengünstigere interne Abwicklung sind: ein spezielles Innovationsgut, eine feste zeitliche Reihenfolge und Mitarbeiter mit speziellen Kenntnissen.

Laut Witte erfordert die Durchführung von Innovationen "Personen, die einen Innovationsprozeß aktiv und intuitiv fördern, sogenannte

---

1  Vgl. S. 15.

Promotoren."[1] Promotoren kann man in jedem Fall als Mitarbeiter mit speziellen Kenntnissen bezeichnen, treten sie nun als Macht- oder als Fachpromotoren auf.

Zieht man die Fallstudien heran, so waren sowohl im Produktinnovations- als auch im Prozeßinnovationsprozeß Mitarbeiter mit besonderen Qualifikationen involviert. So wurde z.B. für die Entwicklung des Cerealienproduktes ein workshop eingerichtet, an dem neben externen Fachleuten auch Fachleute aus allen Unternehmensabteilungen teilnahmen.

Ebenso erfordert die Errichtung eines flexiblen Fertigungssystems die Bildung einer Anlagenmannschaft, die über spezielle Kenntnisse verfügen muß. Sie muß sowohl das flexible Fertigungssystem kennen als auch die bisherigen Produktionsanlagen des Unternehmens.

Aus diesen Überlegungen läßt sich die Schlußfolgerung ziehen, daß Innovationen spezielle Transaktionsobjekte, vornehmlich in Form von human capital, benötigen. Das bedeutet für die Abwicklung des Innovationsprozesses, daß er nach dem 'Prinzip der Spezialität des Transaktionsobjektes' am kostengünstigsten innerhalb des Unternehmens abgewickelt wird und nicht z.B. als fertiges Ergebnis von einem Forschungsinstitut bezogen wird.

Nachdem Innovationen als unternehmensintern abzuwickelnde Transaktionen eingestuft wurden, kann man auf ihre Organisation das Dekompositionsprinzip anwenden. Dieses Prinzip besagt, daß es kostengünstiger sei, strategische Aktivitäten getrennt von operativen Aktivitäten zu organisieren unter gleichzeitigem Einsatz von Koordinationsinstrumenten.

Die Anwendung dieses Prinzips erfordert zunächst die Klärung der Frage: Zählen Innovationen zu den strategischen oder zu den operativen Aktivitäten? Die Antwort lautet: sowohl als auch. Innovationen sind Produkt- oder Prozeßinnovationen. Konzentrieren sich bei Pro-

---

1 Witte, Eberhard (1973), S. 15f.

duktinnovationen die Bemühungen auf die Entwicklung neuer Produkte, dann handelt es sich um strategische Aktivitäten, denn das Ziel neuer Produkte ist "der Aufbau nachhaltiger Erfolgspotentiale", was als ein Element einer Unternehmensstrategie gilt.[1]

Produktinnovationsbemühungen können sich aber auch auf eine Verbesserung bestehender Produkte konzentrieren. Diese Verbesserung oder auch Produktmodifikation besteht in einer "absichtlichen Änderung der physischen Eigenschaften eines Produkts oder seiner Verpackung"[2] und zählt als Produktgestaltung zum absatzpolitischen Instrumentarium und damit zu den operativen Geschäftstätigkeiten eines Unternehmens.

Somit zählt die Entwicklung neuer Produkte zu den strategischen Aktivitäten und die Entwicklung verbesserter Produkte zu den operativen Aktivitäten.

Diese Auffassung wird noch unterstützt, wenn man den Grad an Umweltunsicherheit betrachtet, dem diese zwei Produktinnovationsarten ausgesetzt sind. Wie bereits geschrieben, wird dieser Umweltunsicherheitsgrad entscheidend beeinflußt durch die Häufigkeit und Regularität der Änderungen, denen die Entscheidungsfindungsfaktoren unterworfen sind.[3] Bei der Entwicklung neuer Produkte ist es wichtig, daß durch eine eingehende Analyse des Unternehmenspotentials und eine eingehende Analyse neuer Märkte die Richtung aufgezeigt wird, in die sich die Entwicklungsbemühungen wenden sollen. Das setzt voraus, daß für das Unternehmenspotential
- sein Informationspotential,
- sein Sachmittelpotential,
- sein Personalpotential und
- sein Finanzmittelpotential,
und daß für die neuen Märkte die Determinanten
- der Marktentwicklungen: Nachfrage, Konkurrenz, rechtliche Rahmenbedingungen,

1 Vgl. Kreikebaum, Hartmut (1987), S. 25.
2 Kotler, Philip (1974), S. 444.
3 Vgl. S. 16.

- der allgemeinen Trends: ökonomische Umwelt, demographische Struktur und Verbraucherverhalten und
- der technologischen Trends: neue Produktionsverfahren, neue Arbeitsprinzipien, neue Werkstoffe

ermittelt werden.[1] Alle diese Faktoren, die die Grundlage für Entwicklungsentscheidungen bilden, sind keinen kurzfristigen Änderungen unterworfen, sondern langfristig bestimmt. Deswegen kann man bei der Entwicklung neuer Produkte von einem mittleren Grad an Umweltunsicherheit ausgehen.

Bei der Verbesserung bestehender Produkte will man entweder eine Qualitätsverbesserung, eine Vorteilsvermehrung oder Styling-Verbesserungen erreichen. Eine Qualitätsverbesserung erfordert kontinuierlich qualitätsverbessernde Investitionen, damit der Standard gegenüber der Konkurrenz gehalten wird. Eine Vermehrung der funktionalen Vorteile setzt eine ständige technische Durchleuchtung des Produkts voraus. Eine Styling-Verbesserung wird Jahr für Jahr vorgenommen, um die ästhetische Zugkraft des Produktes zu erhalten.[2]

Bei den Modifikationsentscheidungen müssen also Faktoren berücksichtigt werden, die ständigen, mindestens jährlichen Änderungen unterworfen sind. Das erhöht ihren Grad an Umweltunsicherheit, der somit über dem für neue Produkte liegen wird. Somit läßt sich als Ergebnis dieser Überlegungen festhalten, daß laut Dekompositionsprinzip neue Produkte organisatorisch getrennt von verbesserten Produkten entwickelt werden sollten.

Da sowohl die Entwicklung neuer Produkte als auch die Entwicklung verbesserter Produkte Hauptinstrumente unternehmerischer Produktpolitik darstellen,[3] müssen beide Entwicklungsbemühungen gut abgestimmt werden, damit eine einheitliche Politik verfolgt wird. Das unterstreicht die Notwendigkeit von Koordinierungsmaßnahmen zwischen den jeweils für die Entwicklung Zuständigen.

---

1   Vgl. VDI-Gemeinschaftsausschuß Produktplanung (Hrsg.) (1976), S. 18, S. 22.
2   Vgl. Kotler, Philip (1974), S. 445ff.
3   Vgl. Brockhoff, Klaus (1981), S. 11.

Diese Überlegungen führen nach Anwendung des Dekompositionsprinzip zu der Hypothese, daß neue Produkte transaktionskostengünstiger im Zentrallabor und verbesserte Produkte transaktionskostengünstiger im Spartenlabor entwickelt werden sollten. Diese Hypothese wird empirisch getestet.

Als weitere Innovationsart werden Prozeßinnovationen unterschieden. Neue Verfahren müssen sowohl die Daten der bisherigen Produktionsanlage, der Fertigungsmannschaft als auch die Daten des Produktprogramms berücksichtigen. Auch diese Vielzahl an Daten ist häufigen Änderungen unterworfen. Es ändern sich die Anlagentypen als Folge der Produktmodifikationen der Anlagenhersteller. Es ändert sich die Fertigungsmannschaft durch Personalfluktuation. Es ändern sich tarifrechtliche Regelungen durch die jährlichen Tarifvereinbarungen. Und es ändern sich die zu fertigenden Produkttypen. Daraus kann man folgern, daß auch neue Verfahren mit einem hohen Umweltunsicherheitsgrad verbunden sind. So daß eine weitere Hypothese lautet, daß neue Verfahren ebenfalls kostengünstiger im Spartenlabor abgewickelt werden. Auch diese Hypothese wird empirisch getestet. Die Ergebnisse dieser empirischen Untersuchung werden im nächsten Kapitel beschrieben.

## D. Organisationssysteme für verschiedene Innovationsarten

### I. Konzeption der Analyse

#### a. Hypothesen

Durch die Anwendung des Dekompositionsprinzips von Williamson auf die drei Innovationsarten neue Produkte, verbesserte Produkte und neue Verfahren ergeben sich die folgenden vier Hypothesen:

Transaktionskosten können reduziert werden, wenn
1. neue Produkte im Zentrallabor,
2. verbesserte Produkte im Spartenlabor,
3. neue Verfahren im Spartenlabor entwickelt werden und
4. Koordinationsmaßnahmen zwischen allen drei Entwicklungsaktivitäten getroffen werden.

Bevor die Vorgehensweise ihrer Überprüfung beschrieben wird, seien die Hypothesen selbst genauer erläutert.

Um neue von verbesserten Produkten abgrenzen zu können, wird zunächst an die Definition einer Produktinnovation erinnert, die in dieser Arbeit benutzt wird: Eine Produktinnovation entsteht durch das Hinzufügen eines weiteren Produktpunktes in einen Produkteigenschaftsraum.[1] Dieser Produktpunkt repräsentiert dann ein neues Produkt.

Verschiebt sich die Position eines Produktpunktes in diesem Raum, weil sich Eigenschaften des Produktes ändern, dann repräsentiert der neue Punkt ein verbessertes Produkt.[2] Dabei kann, wie schon geschrieben,[3] Produktverbesserung in einer Qualitätsverbesserung, in einer funktionalen Vorteilsvermehrung oder in einer Styling-Verbesserung bestehen. Auf jeden Fall ändern sich zwar die physischen Ei-

---

1  Vgl. S. 11.
2  Vgl. Brockhoff, Klaus (1981), S. 11.
3  Vgl. S. 89.

genschaften des Produktes, nicht aber sein Fertigungsverfahren. Das führt zu einem weiteren Unterscheidungsmerkmal:

1. Neue Produkte werden mit neuen Verfahren hergestellt.

2. Verbesserte Produkte sind neue Produkte, die mit bereits angewandten Verfahren hergestellt werden.

Zur Definition neuer Verfahren sei auf die Definition einer Prozeßinnovation verwiesen, da es sich um synonyme Begriffe handelt.[1] Neue Verfahren ermöglichen die Produktion eines gegebenen outputs mit einem geringeren Einsatz an Produktionsfaktoren. Dabei wird unter einer Prozeßinnovation sowohl eine Eigenentwicklung als auch der Kauf einer Anlage und deren Implementierung verstanden.

Zwei weitere Begriffe, die in den Hypothesen gebraucht und erläutert werden müssen, sind die Begriffe: Zentrallabor bzw. Spartenlabor. Ihre Aufgabenbereiche lassen sich ableiten aus dem allgemeinen Konzept einer Spartenorganisation. Bei einer Spartenorganisationsstruktur werden die Aufgaben und Zuständigkeiten so übertragen, daß ein Zuständigkeitsbereich "alle für ein Produkt bzw. für eine Produktgruppe notwendigen Kompetenzen auf sich vereinigt."[2] Das bedeutet, daß auf der zweiten Hierarchieebene Geschäftsbereiche bestehen, die alle Funktionen der Beschaffung, der Produktion, des Vertriebs und der Forschung im Zusammenhang mit einem Produkt oder einer Produktgruppe wahrnehmen. Dementsprechend werden im Spartenlabor alle Entwicklungsarbeiten ausgeführt, die mit dem Spartenprodukt verbunden sind.

Besteht dagegen in einem Unternehmen ein Zentrallabor, dann kann dieses Labor einmal einfach das allgemeine Entwicklungslabor sein, wenn nämlich das Unternehmen funktional organisiert ist. Oder es werden zweitens innerhalb einer Spartenorganisation in einem Zentrallabor alle Projekte entwickelt, die produktübergreifend ausge-

1 Vgl. S. 12.
2 Frese, Erich (1984), S. 503.

richtet sind.  Das können z.B. alle grundlegenden Forschungsprojekte sein.[1]

Koordinationsmaßnahmen sind immer dann erforderlich,  wenn einzelne Teile einer Aktivität unterschiedlichen Zuständigkeitsbereichen übertragen werden.  Da alle drei Innovationsarten als Teil der gesamten Innovationsbemühungen eines Unternehmens gesehen werden, müssen ihre Entwicklungsentscheidungen abgestimmt,  d.h. koordiniert werden.[2] Dazu tragen z.B.  Ausschüsse,  gemeinsame Arbeitsgruppen oder Kommissionen bei.

Nachdem die in den Hypothesen verwandten Begriffe erklärt wurden,  wird im nächsten Abschnitt ihre Überprüfungsmethode verdeutlicht.

## b. Vorgehensweise zur Überprüfung

Leider gibt es bisher noch kein Modell,  das eine transaktionskostenminimale Organisationsstruktur eines Unternehmens abbildet.  Deswegen ist es auch nicht möglich,  eine transaktionskostenminimale Organisationsstruktur für Innovationen modellhaft abzuleiten.  So wird in dieser Arbeit ein anderer Weg zur Überprüfung der Hypothesen beschritten:

1. Zur Überprüfung der Hypothesen 1,  2 und 3 wird ein Kostenvergleich durchgeführt entsprechend der von Williamson empfohlenen Vorgehensweise.  Verglichen werden dabei die Kosten,  die bei der Abwicklung der drei Innovationsarten im Zentrallabor entstehen, mit den Kosten,  die bei einer Abwicklung im Spartenlabor entstehen.  Herangezogen werden dazu die Arten von Informationen und Überzeugungsmaßnahmen,  die mit Hilfe der Fallstudien als die für die Innovationsprozesse wichtigsten spezifiziert werden konnten. Ihre Bedeutung für die Innovationsprozesse wird durch Anwendung

---

1   Vgl. Schwetlick, Wolfgang (1971), S. 129.
2   Vgl. Frese, Erich (1984), S. 200.

eines Scoringansatzes gemessen. Eine anschließende Bewertung mit Preisen erlaubt die Bildung von Kostenwerten, die einen Kostenvergleich zwischen Zentral- und Spartenlaborentwicklung ermöglichen. Die auf diese Weise gewonnenen Ergebnisse werden erläutert durch die Auswertung einer Befragung.

2. Zur Überprüfung der Hypothese 4, nämlich der Notwendigkeit der Organisation von Abstimmungsmaßnahmen zwischen beiden Labors, können nur die Befragungsergebnisse herangezogen werden. Ein transaktionskostentheoretischer Vergleich, wie oben beschrieben, kann hierfür nicht herangezogen werden.
Durchgeführt wurde die Befragung in Form von strukturierten Interviews.[1] Strukturierte Interviews sind dadurch gekennzeichnet, daß die Fragen vor dem Interview festgelegt und mit dem gleichen Wortlaut und in der gleichen Reihenfolge allen Befragten gestellt werden. So erhält man vergleichbare Antworten.[2] Es wurden zehn strukturierte Interviews durchgeführt bei Unternehmen, die mit Hilfe von zwei Kriterien ausgewählt wurden. Eine systematische Auswahl statt einer Zufallsauswahl der Elemente der Stichprobe schien bei der Inhomogenität der Grundgesamtheit geboten, weil diese ja alle innovierenden Unternehmen umfaßt.[3] Da jedoch jeder Innovationsprozeß einen einmaligen Vorgang darstellt und in jedem Unternehmen anders abläuft, kann keine repräsentative Stichprobe zusammengestellt werden. Von einer repräsentativen Stichprobe kann ein Schluß auf die Grundgesamtheit gezogen werden, da sie ein "verkleinertes Abbild" derselben darstellt.[4] Von der Grundgesamtheit innovierender Unternehmen kann man jedoch kein Abbild gewinnen wegen der Verschiedenartigkeit der einzelnen Elemente. Werden 100 Unternehmen befragt, ist die Palette der Antworten so bunt, als wenn man den Kreis der Interviewten auf zehn beschränkte. Da man bei der Durchführung empirischer Untersuchungen immer bestrebt sein sollte, ein möglichst kostengün-

---

1    Der Interviewleitfaden findet sich im Anhang.
2    Vgl. Maccoby, Eleanor E.; Maccoby, Nathan (1974), S. 39f.
3    Vgl. Hartung, Joachim (1984), S. 295.
4    Vgl. Hartung, Joachim (1984), S. 315.

stiges Verfahren anzuwenden, erschien die Durchführung von zehn Interviews als ausreichend.[1]


## c. Auswahl der Interviewpartner

Die interviewten Unternehmen werden nach folgenden Kriterien ausgewählt:

1. Die Unternehmen gehören einer Branche mit einer hohen Innovationsrate an. Dies sind nach einer Analyse des ifo-Instituts für Wirtschaftsforschung die Branchen Chemie, Elektronik, Feinmechanik, Maschinenbau und Straßenfahrzeugbau.[2]

2. Sie gehören zur Gruppe der erfolgreichsten Unternehmen, die in regelmäßigen Abständen vom Institut für Betriebswirtschaftslehre I der Universität Bonn ermittelt werden.[3] Diese 'Hitliste' wird nach folgender Methode aufgestellt:
Es werden die sechs Größen
- Eigenkapitalrentabilität,
- Gesamtkapitalrentabilität,
- Umsatzrentabilität,
- Verhältnis Marktwert zu Buchwert des Unternehmens,
- Wachstumsrate des Eigenkapitals und
- Wachstumsrate des Anlagevermögens
zur Messung des Erfolgs eines Unternehmens herangezogen, analog der Kriterien, die in dem Buch von Peters und Waterman "Auf der Suche nach Spitzenleistungen" zur Auswahl der Spitzenunternehmen benutzt werden.[4] Für alle untersuchten Unternehmen werden die durchschnittlichen Werte dieser sechs Größen über 20 Jahre, 15 Jahre, 10 Jahre und 5 Jahre berechnet. Indem man die über den gleichen Zeitraum gebildeten Durchschnittswerte in ein Koordinatensystem einzeichnet, erhält man vier Flächen. Aus diesen vier

---

1 Vgl. Hartung, Joachim (1984), S. 295.
2 Vgl. Schmalholz, H. (1985), S. 10.
3 Vgl. Albach, Horst (1985b), S. 100.
4 Peters, Thomas J.; Waterman jun., Robert H. (1983), S. 42ff.

Flächen wird wiederum eine durchschnittliche Fläche gebildet. Der Inhalt der Fläche ist umso größer, je höher die durchschnittlichen 'Erfolgswerte' sind, die ja die Eckwerte der Fläche bilden. Deswegen wird der Flächeninhalt als ein Abbild des Erfolges eines Unternehmens über die Jahre hinweg angesehen und bestimmt seine Position in der 'Hitliste'.

Es werden deswegen erfolgreiche Unternehmen in Branchen mit hohen Innovationsraten als Interviewpartner ausgewählt, weil dann die Gewähr besteht, daß
1. die Unternehmen wirklich innovativ sind und
2. diese Unternehmen auf Grund ihrer hohen Ertragskraft auch in der Lage sind, Innovationsprozesse erfolgreich bis zum Ende durchzuführen, d.h. die Innovationsergebnisse am Markt durchzusetzen bzw. im Produktionsprozeß einzusetzen.

So ergab sich die folgende Liste befragter Unternehmen:

## Tabelle 2:  Befragte Unternehmen

| Lfd. Nr. | Firma | Umsatz 1985 (in Mio. DM) | FuE-Ausgaben (durchschnittlicher prozentualer Anteil am Umsatz) | Branche |
|---|---|---|---|---|
| 1 | Aesculap-Werke | 209,7 | 4,2 | FM |
| 2 | BMW | 1.4246,4 | 5,0 | St |
| 3 | Beiersdorf | 1.464,8 | 4,0 | Ch |
| 4 | Bosch-Gruppe | 21.223,0 | 5,9 | E,FM |
| 5 | Daimler-Benz | 52.409,0 | 4,0 | St |
| 6 | Kali-Chemie | 684,9 | 2,5 | Ch |
| 7 | SEL | 5.049,0 | 10,0 | E |
| 8 | Siemens | 47.023,0 | 9,3 | E |
| 9 | Süd Chemie | 355,0 | 1,8 | Ch |
| 10 | Voith | 1497,0 | 4,4 | M |

Branchenbezeichnungen:  FM = Feinmechanik,
St = Straßenfahrzeugbau,
Ch = Chemie,
E  = Elektrotechnik,
M  = Maschinenbau

QUELLE: Interviewleitfaden, eigene Berechnungen


Vor die Interviews wurden zwei Pretests geschaltet. Insgesamt wurden 12 Unternehmen um ein Interview gebeten, zwei Unternehmen sagten ab.

Da Innovationsentscheidungen als grundsätzliche Entscheidungen in der Regel von den Führungskräften eines Unternehmens getroffen werden, wurden die Interviews mit Unternehmensmitarbeitern geführt,

die eine relativ hohe Position in der Unternehmenshierarchie einnah-
men.[1]

Der Befragungszeitraum erstreckte sich vom 17. März 1987 bis zum 13. Mai 1987.

Die Interviews wurden mit einer Stenorette aufgezeichnet, unterstützt durch schriftliche Aufzeichnungen. Anschließend wurden diese Aufzeichnungen ausgewertet und den Interviewpartner zur Korrektur zugesandt. Die Endergebnisse und ihre Interpretation werden in Kapitel E.III dargestellt.

## II. Transaktionskostentheoretischer Vergleich

### a. Anwendung des Scoring-Ansatzes

Gemäß dem auf S. 73 beschriebenen Schema wird ein Vergleich der Abwicklungskosten für neue Produkte, verbesserte Produkte und neue Verfahren im Zentral- und im Spartenlabor durchgeführt. Dazu wird sich des Scoring-Ansatzes bedient. Ausgegangen wird von den Gleichungen für die Transaktionskosten einer Produkt- und einer Prozeßinnovation, die auf Grund der Fallstudien aufgestellt wurden:

$$(1) \quad TK^{PI} = p*I_L^{GL} + p*I^{ex} + p*I^{Ab} + p*K_{oo} + p*I_{GL}^{L} + p*I^{F}$$
$$+ p*I^{V} + p*\ddot{U}b^{L} + p*\ddot{U}b^{F,V} \quad [2]$$

$$(2) \quad TK^{PrI} = p*I_L^{GL} + p*I^{ex} + p*I^{Ab} + p*K_{oo} + p*I_{GL}^{L} + p*I^{F}$$
$$+ p*\ddot{U}b^{F} \quad [3]$$

---

1  Vgl. Berthold, Klaus (1969), S. 46.
2  Vgl. S. 42.
3  Vgl. S. 68.

Unterstellt man außerdem, daß ein Unternehmen nach dem Sparten-prinzip organisiert ist, dann kann die Variable $I^{Ab}$ = Informationen von Unternehmensabteilungen aufgespalten werden in die zwei Vari-ablen

$I^{SL}$ = Informationen von anderen Spartenlabors und

$I^{SAb}$ = Informationen von anderen Spartenabteilungen.

Dann kann man die Gleichungen (1) und (2) zusammenziehen zu einer Gleichung, die allgemein die Transaktionskosten für Innovatio-nen beschreibt:

$$(3) \qquad TK \;=\; p*I_L^{GL} + p*I^{SL} + p*I^{SAb} + p*I^{ex} + p*K_{oo} + p*I_{GL}^{L}$$

$$+ \; p*I^{F} + p*I^{V} + p*\ddot{U}b^{L} + p*\ddot{U}b^{F,V}$$

mit

$I_L^{GL}$ = Informationen von der Geschäftsleitung an das Labor,

$I^{SL}$ = Informationen von anderen Spartenlabors

$I^{SAb}$ = Informationen von anderen Spartenabteilungen

$I^{ex}$ = Informationen von unternehmensexternen Institutionen

$K_{oo}$ = Koordinationsmaßnahmen

$I_{GL}^{L}$ = Informationsweitergabe an die Geschäftsleitung

$I^{F}$ = Informationsübermittlung an die Fertigung

$I^{V}$ = Informationsübermittlung an den Vertrieb

$\ddot{U}b^{L}$ = Überwindung von Widerständen innerhalb des Labors

$\ddot{U}b^{F,V}$ = Überwindung von Widerständen in der Fertigung und im Vertrieb

p       =   einheitlicher Preis für eine Informationseinheit und eine
            Überzeugungseinheit,  da auch durch die Übermittlung von
            Informationen überzeugt wird.


Die Gleichung (3) wird herangezogen, um einen Vergleich zwischen den Abwicklungskosten des Zentrallabors und den Abwicklungskosten des Spartenlabors für die drei Innovationsarten neue Produkte, verbesserte Produkte und neue Verfahren durchzuführen. Dazu wird sich der Methode des Scoring-Ansatzes bedient.

Scoring- oder Punktbewertungsansätze werden meistens zur Bewertung von Produktideen verwandt. Sie sind dadurch charakterisiert, daß sie diese Bewertung anhand ausgewählter Kriterien vornehmen. "Die Kriterien gehen dabei (meist) mit unterschiedlichen Gewichten in einen Gesamtpunktwert ein, der einer zuvor festgelegten Entscheidungsregel unterworfen wird."[1]

Im folgenden wird die Struktur des Scoringansatzes, wie er hier angewandt wird, in Anlehnung an die Beschreibung von Brockhoff erläutert.[2] Da diese Methode in dieser Form zur Überprüfung der günstigsten Abwicklungsform für jede der drei Innovationsarten benutzt wird, muß zwischen diesen nicht unterschieden werden, sondern es kann allgemein von einer Innovation gesprochen werden. Die Elemente des Scoringansatzes sind:

1. Vorgegeben ist das Unternehmensziel Z, das angestrebt wird:
   Z = transaktionskostenminimale Abwicklung von Innovationen

2. Dazu werden eine Menge L von Abwicklungsformen herangezogen,
   die bewertet werden müssen:
   $L = \{l_z, l_s\}$
   Die zu bewertenden Abwicklungsformen sind
   $l_z$ := Abwicklung durch das Zentrallabor
   $l_s$ := Abwicklung durch das Spartenlabor

---

1    Budde, Ramona (1982), S. 128.
2    Vgl. Brockhoff, Klaus (1981), S. 80ff.

3. Jede Abwicklungsform 1 wird vollständig beschrieben durch Koordinationsvariable $y_i$, mit $i = 1,...,10$. Die Koordinationsvariablen werden bewertet und messen so den Beitrag der Abwicklungsform 1 zur Erreichung des Zieles Z.

$$
1 \left\{
\begin{aligned}
\rightarrow \quad y_1 &= I_L^{GL} \\
\rightarrow \quad y_2 &= I^{SL} \\
\rightarrow \quad y_3 &= I^{SAb} \\
\rightarrow \quad y_4 &= I^{ex} \\
\rightarrow \quad y_5 &= K_{oo} \\
\rightarrow \quad y_6 &= I_{GL}^{L} \\
\rightarrow \quad y_7 &= I^{F} \\
\rightarrow \quad y_8 &= I^{V} \\
\rightarrow \quad y_9 &= \ddot{U}b^{L} \\
\rightarrow \quad y_{10} &= \ddot{U}B^{F,V}
\end{aligned}
\right.
$$

4. Den einzelnen Koordinationsvariablen werden Preise zugeordnet:
$p_{zi} = f(y_i)$ und $p_{si} = f(y_i)$ mit

$p_{zi}(p_{si}) = 1$,    wenn die Beschaffung der jeweiligen Koordinationsvariablen $y_i$ für das Zentrallabor (Spartenlabor) leicht ist.

$p_{zi}(p_{si}) = 2$,    wenn die Beschaffung der jeweiligen Koordinationsvariablen $y_i$ für das Zentrallabor (Spartenlabor) schwer ist.

Diese $p_i$ entsprechen den Zielwerten von Brockhoff, denn eine Bewertung der einzelnen Merkmale mit Preisen ermöglicht die Realisation des Zieles: Ermittlung kostenminimaler Abwicklungsformen.

5. Es werden Gewichte $w_y$ gebildet, die für jede Koordinationsvariable ihre Bedeutung für die Abwicklung der Innovationen messen.

6. Dann werden die Preise mit den Gewichten $w_{y_i}$ multipliziert und zu Kostenwerten

$K_z$ := Kostenwert für das Zentrallabor und

$K_s$ := Kostenwert für das Spartenlabor

addiert.

$$K_z = p_{z1}{}^*w_{y_1} + \ldots + p_{z10}{}^*w_{y_{10}}$$

$$K_s = p_{s1}{}^*w_{y_1} + \ldots + p_{s10}{}^*w_{y_{10}}$$

Die additive Verknüpfung wird deswegen gewählt, weil sowohl ein identischer Nullpunkt als auch eine kardinale Vergleichbarkeit der einzelnen Preise unterstellt wird.[1] Dabei ist die Annahme der kardinalen Vergleichbarkeit nicht unproblematisch, wie noch gezeigt werden wird.

7. Auf Grund eines Vergleichs dieser Kostenwerte $K_z$ und $K_s$ wird die Entscheidung über die Abwicklungsform getroffen. Dabei lautet die Entscheidungsregel:

Falls $K_z < K_s$ ($K_s < K_z$), dann gilt $l_z > l_s$ ($l_s > l_z$).

Das bedeutet mit anderen Worten, daß eine Innovation von dem Labor abgewickelt wird, das den niedrigeren Kostenwert hat. So wird am ehesten das Ziel Z der transaktionskostenminimalen Abwicklung erreicht.

Ein Scoring-Ansatz dieser Struktur wird im folgenden angewandt, wobei der erste Schritt in der Ermittlung der Gewichtungskoeffizienten $w_{y_i}$ für die einzelnen Innovationsarten besteht.

---

1 Vgl. Brockhoff, Klaus (1981), S. 81.

## b. Aufstellung von Koordinationsprofilen

Wie schon geschrieben, geben die Gewichtungskoeffizienten $w_{yi}$ die Bedeutung an, die jede Koordinationsvariable $y_i$ für die Abwicklung einer Innovation hat.

Aus der Reihe von Methoden, die zur Bestimmung dieser Gewichte herangezogen werden können, wird hier eine Methode angewandt, die in etwa der Delphi-Methode entspricht.[1] Die Delphi-Methode kommt dem Forschungsansatz dieser Arbeit entgegen, da sie Informationen durch eine strukturierte Gruppenbefragung gewinnt. Außerdem läßt sich mit ihr die Filterfunktion besonders gut wahrnehmen, die darin besteht, daß neue Ideen in ein Gruppenurteil umgeformt werden.[2] Ein fundiertes Gruppenurteil über die optimale Innovationsorganisation ist aber gerade das, was durch diese Befragung angestrebt wird.

Die Festlegung der Gewichtungskoeffizienten vollzieht sich nach der Delphi-Methode durch
- die schriftliche Abfrage der Gewichtungskoeffizienten bei den Entscheidungsträgern,
- die Berechnung des Mittelwertes und eines Streuungsmaßes aus diesen Ergebnissen,
- die Bekanntgabe dieser Ergebnisse an die Entscheidungsträger mit der Bitte, extreme Werte zu begründen und gegebenenfalls die Koeffizienten zu korrigieren,
- eine erneute Berechnung von Mittelwerten.[3]

Diese Schritte wurden in dieser Untersuchung dahingehend verkürzt, daß
- die Gewichtungskoeffizienten der einzelnen Informations- und Überzeugungsarten mündlich von Experten erfragt wurden. Dabei wird unterstellt, daß diese Experten auf Grund bereits durchgeführter

---

1  Eine Beschreibung dieser Methode findet sich in: Albach, Horst (1970).
2  Vgl. Albach, Horst (1970), S. 25.
3  Vgl. Budde, Ramona (1982), S. 185f.

Innovationsprozesse über entsprechendes Wissen verfügen. Dies geschah durch die Fragen 10a, b und c des Interviewleitfadens.[1]

- die Mittelwerte aus allen zehn Antworten errechnet und in Skalen eingetragen wurden.[2]

Auf die Durchführung einer Rückfrageaktion wurde verzichtet, da davon ausgegangen werden kann, daß in dem mündlichen Interview alle wesentlichen Fragen geklärt wurden.

Diese Mittelwerte, eingetragen in Skalen und miteinander verbunden, lassen sich als Koordinationsprofile für die einzelnen Innovationsarten interpretieren, da sie die durchschnittliche Bedeutung jeder Koordinationsvariablen für die Durchführung eines Innovationsprozesses angeben.[3]

Im folgenden Schaubild werden diese Koordinationsprofile zusammengestellt:

---

1 Siehe Interviewleitfaden im Anhang.
2 Siehe Berechnungen im Anhang.
3 Zur Berechnung der durchschnittlichen Gewichtungskoeffizienten für die einzelnen Koordinationsvariablen siehe Tab. A3 im Anhang.

## Schaubild 12:  Koordinationsprofile

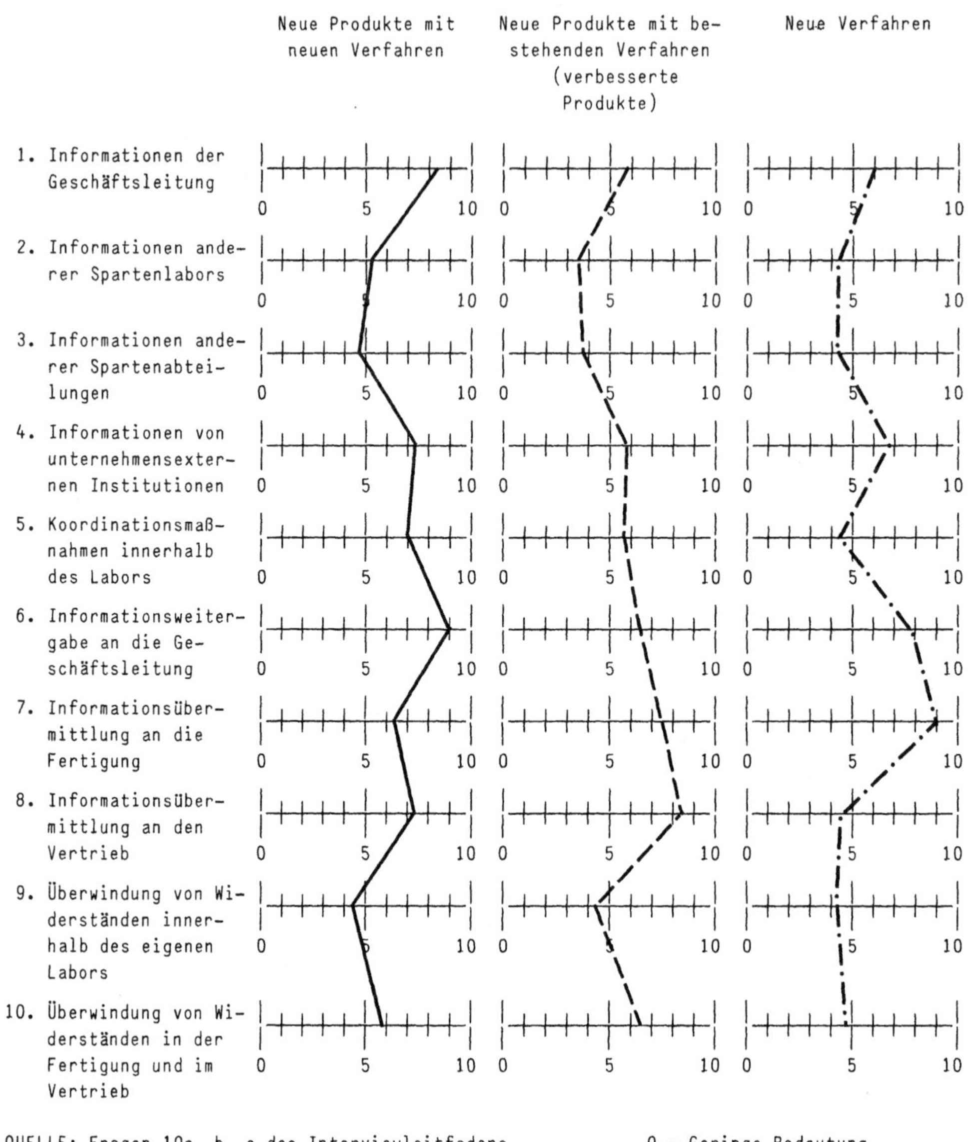



QUELLE: Fragen 10a, b, c des Interviewleitfadens,
       eigene Berechnungen

0 = Geringe Bedeutung
5 = Mittlere Bedeutung
10 = Hohe Bedeutung

Diese Koordinationsprofile lassen sich folgendermaßen interpretieren.[1]

1. Da es sich bei der Entwicklung <u>neuer Produkte</u> um strategische Aktivitäten handelt, die die langfristige Entwicklung des Unternehmens entscheidend mitbestimmen, sind sowohl die Informationen, die von der Geschäftsleitung kommen, als auch die Informationen, die an die Geschäftsleitung gegeben werden, von großer Bedeutung.

   Beim ersteren handelt es sich um die Übermittlung der Unternehmensziele. Damit wird die allgemeine Richtung festgelegt, in die sich die Innovationsbemühungen wenden sollen.

   Beim zweiten handelt es sich um Informationen über die bisherigen Innovationsergebnisse, die gewährleisten sollen, daß die Geschäftsleitung die richtige Entscheidung über Fortführung oder Stop der Innovationsbemühungen fällt. Auch diese Informationsübermittlung ist wichtig, da neue Produkte langfristig das Gesicht des Unternehmens ändern können. Außerdem muß die Geschäftsleitung hinterher zu ihrer Entscheidung stehen und die Entwicklungsdurchführung tatkräftig unterstützen, damit die Produktinnovation ein Erfolg wird. Dazu bedarf sie aber einer gründlichen Entscheidungsvorbereitung.

2. Dagegen ist für <u>neue Produkte</u> die Informationsübermittlung an die Fertigung und an den Vertrieb nicht so wichtig. Der Grund dafür ist, daß für neue Produkte eventuell ein neuer Geschäftsbereich mit einer neuen Fertigungs- und Vertriebsorganisation aufgemacht werden muß, wenn sie in keinen der bisherigen passen. Solange ihr Umsatz ein bestimmtes Volumen noch nicht erreicht hat, werden die neuen Produkte vom Zentrallabor betreut. In einem solchen Fall ist es natürlich weniger wichtig, die bestehenden Fertigungs- und Vertriebsabteilungen über den Stand der Neuentwicklungen zu informieren.

---

1  Vgl. Pay, Diana de (1987), S. 11ff.

3. Da wirkliche Produktneuheiten nur gefunden werden, wenn Entwicklungsbemühungen außerhalb des Unternehmens mit einbezogen werden, sind <u>Informationen von externen Institutionen</u> ebenfalls von großer Bedeutung für neue Produkte.

4. Es ist erstaunlich, daß die Überwindung von Widerständen im eigenen Labor bzw. in der Fertigung und im Vertrieb sowohl für <u>neue</u> als auch für <u>verbesserte Produkte</u> als gleich bedeutsam angesehen wird. Zu erwarten wäre gewesen, daß die Entwicklungsbemühungen für neue Produkte auf größere Widerstände stoßen als die für verbesserte Produkte. Eine Erklärung für die Gleichgewichtigkeit mag sein, daß sich die Mitarbeiter auch bei Produktvarianten umstellen müssen. Die Fertigung erfordert andere Handgriffe, im Verkauf müssen andere Marketingaktivitäten eingesetzt werden. Dies ruft Widerstände hervor, die zu überwinden ebenso bedeutsam ist wie die Widerstände gegen neue Produkte.

5. Bei der Entwicklung <u>verbesserter Produkte</u> wird der Informationsübermittlung an den Vertrieb große Bedeutung beigemessen. Als Erklärung mag das Ziel dienen, das mit einer Produktverbesserung verfolgt wird. Die Methode der Produktverbesserung oder der Produktgestaltung wird angewandt, um das akquisitorische Potential eines Unternehmens zu erhöhen. Das akquisitorische Potential eines Unternehmens umfaßt neben der Qualität der Waren, dem Ansehen des Unternehmens, seinem Kundendienst, seinen Zahlungskonditionen auch seine Lieferungsbedingungen.[1] Das setzt aber voraus, daß der Vertrieb genau über den Fortgang der Entwicklungsbemühungen informiert ist und weiß, wann das Produkt serienreif ist, und wann es zum Verkauf angeboten wird.

Besonders wenn eine Politik zeitlich regelmäßiger Produktvariationen betrieben wird, wie z.B. von der Automobilindustrie, ist die Informationsübermittlung an den Vertrieb von großer Bedeutung. Die Kunden rechnen dann mit einem neuen Modell und würden als potentielle Nachfrager abgeschreckt werden, wenn die

---

1 Vgl. Gutenberg, Erich (1966), S. 237f.

Verkaufsstellen nicht detailliert über das neue Modell Auskunft geben könnten.

6. Werden neue Verfahren entwickelt, ist die Informationsübermittlung an die Fertigung naturgemäß von größter Bedeutung. Die Fertigungsabteilung muß ihren Ablauf umstellen, sie muß neue Maschinen anschaffen, Mitarbeiter schulen etc., wenn sie neue Verfahren in die Fertigung einführt.

Mit dem Einsatz neuer Verfahren sind in der Regel auch Investitionen verbunden. Deswegen ist die Informationsweitergabe an die Geschäftsleitung ebenfalls wichtig, denn diese bildet die Grundlage ihrer Entscheidung. Da Investitionsentscheidungen langfristige Auswirkungen haben, muß die Geschäftsleitung sehr genau über den Entwicklungsstand neuer Verfahren informiert sein, so daß sie sowohl die Risiken einer gegenwärtig anstehenden als auch die Risiken einer sich möglicherweise anschließenden Investition abschätzen kann.[1]

Die Koordinationsprofile werden zur Durchführung des Kostenvergleichs für die drei Innovationsarten herangezogen. Ihre Punkte auf den Skalen geben die Gewichtungskoeffizienten für die einzelnen Koordinationsvariablen wieder. Eine zusammenfassende Übersicht der Koordinationsprofile und der Gewichtungskoeffizienten gibt das folgende Schaubild.

---

1 Vgl. Albach, Horst (1975), S. 15.

## Schaubild 13: Die Ermittlung der Gewichtungskoeffizienten

Koordinationsprofile

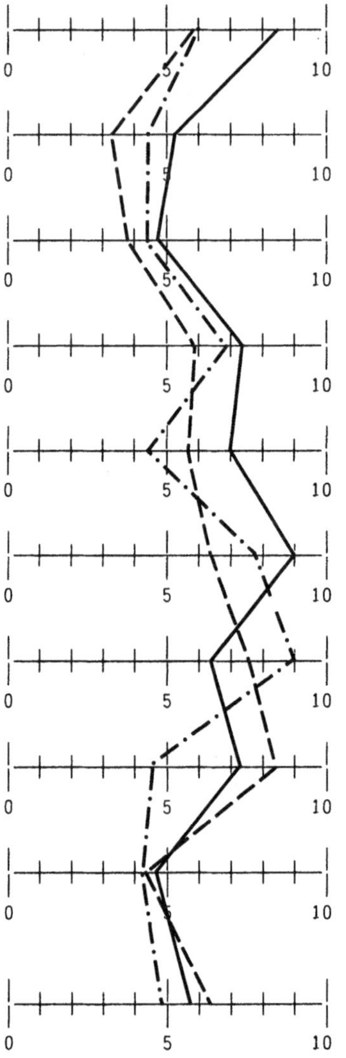


| Koordinationsvariable | Gewichtungskoeffizienten I | II | III |
|---|---|---|---|
| 1. Informationen der Geschäftsleitung | 8,3 | 5,9 | 6,0 |
| 2. Informationen anderer Spartenlabors | 5,1 | 3,3 | 4,4 |
| 3. Informationen anderer Spartenabteilungen | 4,8 | 3,8 | 4,4 |
| 4. Informationen von unternehmensexternen Institutionen | 7,4 | 5,9 | 6,9 |
| 5. Koordinationsmaßnahmen innerhalb des Labors | 7,0 | 5,7 | 4,4 |
| 6. Informationsweitergabe an die Geschäftsleitung | 9,0 | 6,4 | 7,9 |
| 7. Informationsübermittlung an die Fertigung | 6,3 | 7,5 | 9,0 |
| 8. Informationsübermittlung an den Vertrieb | 7,2 | 8,3 | 4,4 |
| 9. Überwindung von Widerständen innerhalb des eigenen Labors | 4,7 | 4,2 | 4,2 |
| 10. Überwindung von Widerständen in der Fertigung und im Vertrieb | 5,8 | 6,4 | 4,8 |

I = Entwicklung neuer Produkte ————

II = Entwicklung verbesserter Produkte – – – –

III = Entwicklung neuer Verfahren ·—·—·—

## c. Vergleich der Koordinationskosten

An die Berechnung der Gewichtungskoeffizienten schließt sich die Ermittlung der Preise an, die für jede einzelne Koordinationsvariable bei einer Innovationsentwicklung im Zentrallabor oder im Spartenlabor bezahlt werden muß.

Die Ermittlung erfolgt durch die Auswertung der Fragen 11a und 11b des Interviewleitfadens. Die Aufspaltung der Frage 11 war erforderlich, um Unternehmen, die kein Spartenlabor besitzen, die Möglichkeit der Beantwortung zu geben.

Da die interviewten Unternehmensmitglieder nicht in der Lage sind, genaue Preise für die einzelnen Koordinationsvariablen anzugeben, wird nur gefragt, für welches Labor ihre Beschaffung schwieriger sei: Eine schwierigere Beschaffung wird als höherer Preis interpretiert, der für die Variable zu bezahlen ist.

Damit kann aber nur eine ordinale Relation festgelegt werden. Das hat zur Folge, daß sich das Verhältnis der Kostenwerte, die sich als Summe der gewichteten Preise ergeben, zueinander umkehren kann, falls die Höhe der Preise variiert wird. Dies ist z.B. bei den Kostenwerten für neue Verfahren der Fall, wie noch gezeigt werden wird.

Es braucht jedoch nicht als Manko der Überprüfungsmethode angesehen zu werden. Im Gegenteil, wenn man sich dessen bewußt ist, daß es wegen der fehlenden kardinalen Festlegung der Preise eine absolut gültige Zuweisung einer Innovationsentwicklung zu einem Labor nicht gibt, kann man die Variation der Preise als strategisches Instrument des Managements auffassen. Dadurch wird es möglich, die Auswirkungen bestimmter organisatorischer Regelungen zu überprüfen: man ordnet diesen Regelungen bestimmte Preise zu, errechnet ihren Kostenwert und kann so die Entscheidung für die kostengünstigste Regelung treffen.

Zunächst werden die Preise so festgesetzt:

$p_{zi}(p_{si}) = 1,$      wenn die Beschaffung der Koordinationsvariablen $y_i$ für das Zentrallabor (Spartenlabor) leicht ist.

$p_{zi}(p_{si}) = 2,$      wenn die Beschaffung der Koordinationsvariablen $y_i$ für das Zentrallabor (Spartenlabor) schwer ist, $i = 1,\ldots,10.$

Die Festsetzung erfolgt durch eine Auswertung der Fragen 11a,b des Interviewleitfadens. Die Höhe von p wird so bestimmt, wie die Mehrzahl der Interviewpartner geantwortet hat.[1] Die folgende Tabelle gibt die sich auf diese Weise ergebenden Preise für das Zentral- und das Spartenlabor wieder.

**Tabelle 3: Preise der Koordinationsvariablen**

| Koordinationsvariable | Preis im Zentrallabor | Preis im Spartenlabor |
|---|---|---|
| 1. $I_L^{GL}$ | 1 | 2 |
| 2. $I^{SL}$ | 1 | 2 |
| 3. $I^{SAb}$ | 1 | 2 |
| 4. $I^{ex}$ | 1 | 2 |
| 5. $K_{oo}$ | 2 | 1 |
| 6. $I_{GL}^{L}$ | 1 | 2 |
| 7. $I^{F}$ | 2 | 1 |
| 8. $I^{V}$ | 2 | 1 |
| 9. $Üb^{L}$ | 2 | 1 |
| 10. $ÜB^{F,V}$ | 2 | 1 |

---

1    Vgl. Tabelle A4 im Anhang.

Diese Preise werden mit den errechneten Gewichtungskoeffizienten aus dem Schaubild 13 für jede der drei Innovationsarten multipliziert. Die Addition dieser gewichteten Preise ergibt für jede Innovationsart einen Kostenwert für das Zentrallabor und für das Spartenlabor. Ein Vergleich dieser Kostenwerte ermöglicht die Bestimmung der kostenminimalen Abwicklungsform für neue Produkte, verbesserte Produkte und neue Verfahren: es ist das Labor zu wählen, das den niedrigeren Kostenwert aufweist.

## Schaubild 14:    Der Kostenvergleich

| Koordinationsvariable | Preis im Zentrallabor | Preis im Spartenlabor | gewichtete Preise I | | II | | III | |
|---|---|---|---|---|---|---|---|---|
| | | | ZL | SL | ZL | SL | ZL | SL |
| 1. Informationen der Geschäftsleitung | 1 | 2 | 8,3 | 16,6 | 5,9 | 11,8 | 6,0 | 12,0 |
| 2. Informationen anderer Spartenlabors | 1 | 2 | 5,1 | 10,2 | 3,3 | 6,6 | 4,4 | 8,8 |
| 3. Informationen anderer Spartenabteilungen | 1 | 2 | 4,8 | 9,6 | 3,8 | 7,6 | 4,4 | 8,8 |
| 4. Informationen von unternehmensexternen Institutionen | 1 | 2 | 7,4 | 14,8 | 5,9 | 11,8 | 6,9 | 13,8 |
| 5. Koordinationsmaßnahmen innerhalb des Labors | 2 | 1 | 14,0 | 7,0 | 11,4 | 5,7 | 8,8 | 4,4 |
| 6. Informationsweitergabe an die Geschäftsleitung | 1 | 2 | 9,0 | 18,0 | 6,4 | 12,8 | 7,9 | 15,8 |
| 7. Informationsübermittlung an die Fertigung | 2 | 1 | 12,6 | 6,3 | 15,0 | 7,5 | 18,0 | 9,0 |
| 8. Informationsübermittlung an den Vertrieb | 2 | 1 | 14,4 | 7,2 | 16,6 | 8,3 | 8,8 | 4,4 |
| 9. Überwindung von Widerständen innerhalb des eigenen Labors | 2 | 1 | 9,4 | 4,7 | 8,4 | 4,2 | 8,4 | 4,2 |
| 10. Überwindung von Widerständen in der Fertigung und im Vertrieb | 2 | 1 | 11,6 | 5,8 | 12,8 | 6,4 | 9,6 | 4,8 |
| Kostenwert = Summe | | Σ | 96,6 | 100,2 | 89,5 | 82,7 | 83,2 | 86,0 |

I   = Entwicklung neuer Produkte
II  = Entwicklung verbesserter Produkte
III = Entwicklung neuer Verfahren

Als Ergebnis dieses Kostenvergleichs erhält man:

1. Für neue Produkte ist $K_D < K_S$, daraus folgt:
   neue Produkte werden kostengünstiger im Zentrallabor entwickelt.

2. Für verbesserte Produkte ist $K_S < K_Z$, daraus folgt:
   verbesserte Produkte werden kostengünstiger im Spartenlabor entwickelt.

3. Für neue Verfahren ist $K_Z < K_S$, daraus folgt:
   neue Verfahren werden kostengünstiger im Zentrallabor entwickelt.

Damit bestätigen die beiden ersten Ergebnisse die Hypothesen über die Entwicklung neuer und verbesserter Produkte.[1]

Nur das Ergebnis über die Entwicklung neuer Verfahren fällt anders als erwartet aus. Es steht damit auch im Gegensatz zu den Antworten, die in den Interviews auf Fragen zur Einführung neuer Verfahren gegeben wurden. Da für das Zustandekommen dieses Ergebnisses möglicherweise die Festlegung von p = 1 bzw. p = 2 eine Rolle spielt, wird im folgenden die Berechnung noch einmal mit geänderten Preisen durchgeführt. Dazu werden zwei Koordinationsvariable herangezogen, die für die Entwicklung neuer Verfahren von großer Bedeutung sind. Dies sind die Informationen von unternehmensexternen Institutionen und die Informationsweitergabe an die Geschäftsleitung. Informationen von unternehmensexternen Institutionen sind u.a. Informationen von Herstellerfirmen der für den Einsatz der neuen Verfahren erforderlichen Maschinen. Fremdentwicklungen, die ja auch unter den Begriff der "Verfahrensneuentwicklung" subsumiert werden, machen Anpassungsmaßnahmen an das eigene Unternehmen erforderlich, die oftmals denselben Umfang annehmen wie eigene Entwicklungsmaßnahmen. In diesen Fällen sind die Herstellerinformationen von großer Bedeutung, da sie die Basis für die Anpassungsmaßnahmen bilden.[2]

---

1  Vgl. S. 115.
2  Vgl. Wildemann, Horst (1986), S. 349ff.

Von ebenso großer Bedeutung ist die Informationsweitergabe an die Geschäftsleitung, die als Grundlage für die Investitionsentscheidung dient. Investitionen in neue Technologien stellen ein großes Kapitalrisiko dar, da sie Kapital langfristig binden, ihre Erträge aber schwer zu kalkulieren sind.[1] Deswegen müssen die Entscheidungen über diese Investitionen durch detaillierte Informationen sorgfältig vorbereitet werden.

Für diese beiden Koordinationsvariablen $I^{ex}$ und $I^L_{GL}$ wird eine Preisvariation dergestalt vorgenommen, daß p = 1,5 statt p = 2 gesetzt wird, wenn die Beschaffung dieser Informationsart schwer ist. Dann ergeben sich die folgenden Kostenwerte, wie aus Tab. 4 ersichtlich.

**Tabelle 4: Variation der Preise für neue Verfahren**

| Koordinationsvariable | Preis im | | gewichtete Preise | |
|---|---|---|---|---|
| | Zentral-labor | Sparten-labor | Zentral-labor | Sparten-labor |
| 1. $I^{GL}_L$ | 1 | 2 | 6,0 | 12,0 |
| 2. $I^{SL}$ | 1 | 2 | 4,4 | 8,8 |
| 3. $I^{SAb}$ | 1 | 2 | 4,4 | 8,8 |
| 4. $I^{ex}$ | 1 | 1,5 | 6,9 | 10,35 |
| 5. $K_{oo}$ | 2 | 1 | 8,8 | 4,4 |
| 6. $I^L_{GL}$ | 1 | 1,5 | 7,9 | 11,85 |
| 7. $I^F$ | 2 | 1 | 18,0 | 9,0 |
| 8. $I^V$ | 2 | 1 | 8,8 | 4,4 |
| 9. $Üb^L$ | 2 | 1 | 8,4 | 4,2 |
| 10. $ÜB^{F,V}$ | 2 | 1 | 9,6 | 4,8 |
| Kostenwert | | $\Sigma$ | 83,2 | 78,6 |

---

1 Vgl. Honrath, Kurt; Herrmann, Peter; Schmidt, Joachim (1986); S. 181f.

Es zeigt sich, daß sich bei den so gesetzten Preisen das erwartete Ergebnis einstellt, nämlich daß eine Entwicklung neuer Verfahren im Spartenlabor günstiger als im Zentrallabor ist, denn $K_S < K_Z$.

Es erhebt sich nun die Frage, unter welchen Bedingungen es plausibel ist, anzunehmen, daß die Variablen $I^{ex}$ und $I^L_{GL}$ zwar nicht leicht, aber auch nicht allzu schwer zu beschaffen sind.

Für die Einführung neuer Technologien wird die Projektorganisation empfohlen. Eine Projektorganisation ist durch folgende Merkmale gekennzeichnet:

1. Es handelt sich um die Übertragung zeitlich befristeter Aufgaben.

2. Diese Aufgaben sind komplex, relativ neu und mit erheblichem Risiko behaftet.

3. Ihre Bewältigung erfordert die Mitwirkung verschiedener Spezialisten und unter Umständen die Bereitstellung erheblicher Ressourcen.[1]

Die Aufgabe der Einführung neuer Technologien weist diese Merkmale auf. Sie sollte deswegen in dieser Form organisiert werden. Für die Zusammensetzung des Projektteams wird nun empfohlen, daß es gebildet wird aus[2]

1. Mitgliedern der Geschäftsleitung,
2. Mitgliedern des Middle-Managements,
3. neuen und erfahrenen Unternehmensmitarbeitern und
4. Mitarbeitern der Herstellerfirma.

Damit einerseits unternehmenseigene Erfahrungen bei der Installation berücksichtigt werden, andererseits mögliche Widerstände der Belegschaft überwunden werden, sollten von Anfang an die Mitarbeiter am Einführungsprozeß beteiligt werden, die in Zukunft mit der

---

1 Vgl. Frese, Erich (1984), S. 463.
2 Vgl. Wildemann, Horst (1986), S. 351, S. 355f.

neuen Technologie arbeiten müssen.[1] Das bedeutet aber, daß das Projektteam am günstigsten organisatorisch in dem Geschäftsbereich angesiedelt wird, in dessen Produktion das neue Verfahren zukünftig eingesetzt werden soll. Damit übernimmt ein Spartenlabor die Projektführung. Da dem Projektteam Mitarbeiter der Geschäftsleitung und der Herstellerfirma angehören, kann man annehmen, daß die Beschaffung unternehmensexterner Informationen und die Informationsweitergabe an die Geschäftsleitung leichter möglich sind, was den Wert $p = 1,5$ rechtfertigt. Dann trifft auch der Kostenwert $K_s$ aus Tab. 4 zu. Man kann also feststellen, daß die Entwicklung neuer Verfahren dann am kostengünstigsten von einem Spartenlabor betreut wird, wenn dieser Entwicklungsprozeß als Projektorganisation unter der Federführung des Spartenlabors durchgeführt wird.

So läßt sich insgesamt festhalten:

Die Durchführung eines Kostenvergleichs zwischen Zentral- und Spartenlabor mit Hilfe eines Scoring-Ansatzes bestätigt die Hypothesen des Kapitels E.I.a. Unter Hinzuziehung der Ausführungen über die Merkmale neuer und verbesserter Produkte und neuer Verfahren[2] wird so auch das Dekompositionsprinzip von Williamson bestätigt.

---

1 Vgl. Steinhilper, Rolf (1984), S. 11.
2 Vgl. S. 89 f.

## III. Ergebnisse einer Befragung

Für die Auswertung strukturierter Interviews wird empfohlen, daß die einzelnen Fragen zuerst nach bestimmten Kriterien in Kategorien eingeteilt werden.[1] Diesen Kategorien entsprechen die Unterabschnitte dieses Kapitels. Innerhalb jeder Kategorie wird dann wieder nach gemeinsamen Merkmalen, Formen und Bestimmungsgrößen klassifiziert, um so Schlußfolgerungen ziehen zu können. Da die Unternehmen nicht namentlich erwähnt werden wollten, werden die Interviewergebnisse anonymisiert wiedergegeben.

### a. Organisation der Forschung und Entwicklung

Um die in der Praxis sehr unterschiedlichen Organisationsformen für Forschung und Entwicklung (FuE) zu systematisieren, wurde die Einteilung von Rubenstein in drei "reine" Formen übernommen[2] und die Unternehmen gebeten, ihre FuE-Organisation diesen Formen zuzuordnen:

---

1 Vgl. Jahoda, Maria; Deutsch, Morton; Cook, Stuart W. (1974).
2 Vgl. Rubenstein, Albert H. (1964), S. 622.

- die zentrale Form

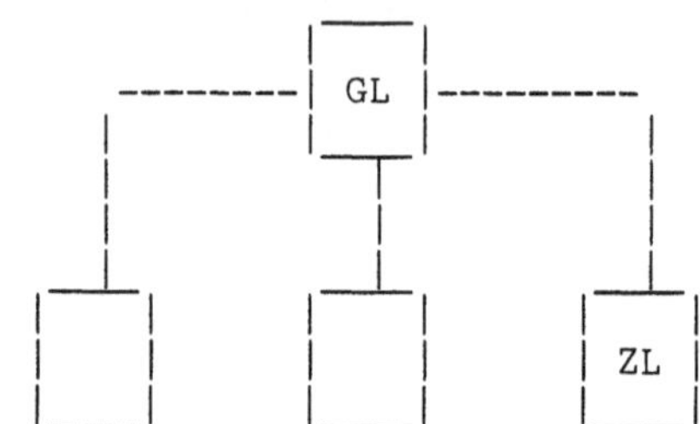


- die dezentrale Form

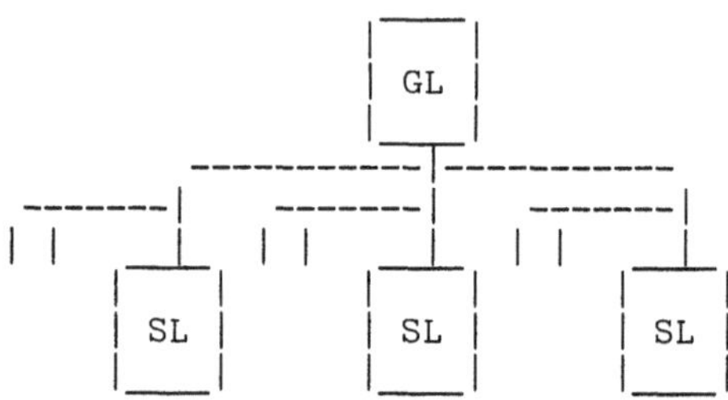


- die kombinierte Form

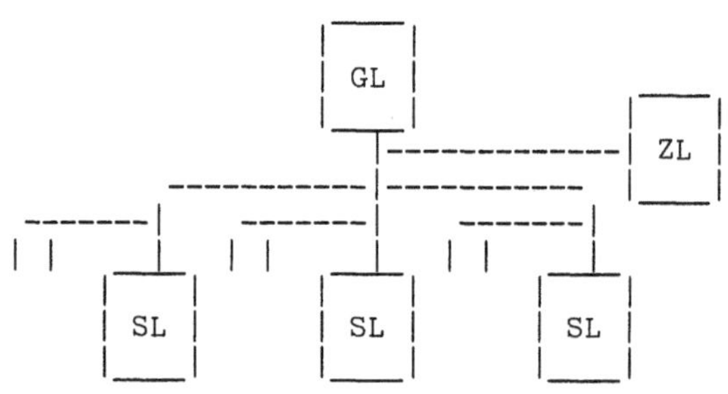


GL = Geschäftsleitung
ZL = Zentrallabor
SL = Spartenlabor

Um eine Erklärung dafür zu finden, warum eine dieser drei Formen auftritt, werden die Faktoren herangezogen, die die Transaktionskostentheorie als für die Organisationsstruktur bestimmend ansieht. Dies sind einmal die Häufigkeit einer Transaktion, zum zweiten die Unsicherheit der Umwelt, wobei der erste Faktor mehr als die Richtung des zweiten unterstützend angesehen wird.[1] Die Hauptdeter-

---

1 Vgl. Picot, Arnold (1982), S. 277.

minante bildet die Unsicherheit der Umwelt. Demzufolge müßten alle Unternehmen, die in einer unsicheren Umwelt agieren, über eine ähnliche FuE-Organisation verfügen. Dies ist auch tatsächlich der Fall, wie eine Auswertung der Fragen II.1 a und II.1 b des Interviewleitfadens zeigt.

Die FuE-Organisationsform, die am häufigsten auftritt, ist die 'kombinierte' Form. Sie findet sich bei

1. einem Unternehmen der Automobilbranche, dessen besonderes Charakteristikum ist, daß es eine Strategie der Diversifikation verfolgt durch den Kauf von Unternehmen aus unterschiedlichen Branchen. Ein anderes Unternehmen der Automobilbranche, das fast ausschließlich Autos verkauft und somit die Strategie der Marktdurchdringung anwendet, weist dagegen die zentrale Form der FuE-Organisation auf.
2. Unternehmen der Elektronikbranche. Deren Innovationsaktivitäten sind vor allem durch den Einsatz der neuen Technologie der Mikroelektronik gekennzeichnet.
3. Unternehmen der Chemiebranche. Die Vielstufigkeit ist ein herausragendes Merkmal der Entwicklungsprozesse chemischer Produkte.

Die 'kombinierte Form' wird also immer von den Unternehmen eingesetzt, die bei ihren Entwicklungsentscheidungen eine Vielzahl von Faktoren berücksichtigen müssen, sei es, weil sie ganz verschiedene Abnehmergruppen haben, weil sie sich mit neuen Ideen vertraut machen müssen, oder sei es, weil ihre Entwicklungsprozesse viele Phasen durchlaufen. Ihre Entscheidungsfindungsfaktoren sind nicht nur vielfältig, sondern auch ständigen Änderungen unterworfen. Das sind aber die Charakteristika einer unsicheren Umwelt.

Man kann also auf Grund der Befragungsergebnisse feststellen, daß Unternehmen, deren Umwelt unsicher ist, eine ähnliche FuE-Organisationsform aufweisen, nämlich die 'kombinierte Form'. Diese Form empfiehlt auch das 'Dekompositionsprinzip' bei einem hohen Umweltunsicherheitsgrad.

Die dezentrale Form ist nur zweimal anzutreffen, jedoch beides Mal mit Modifikationen. Das eine Mal handelt es sich um ein Chemieunternehmen, das über ein Labor für die Sparte Katalysatoren und über ein Labor, zuständig für die restlichen drei Produktgruppen, verfügt. Der Grund für diese FuE-Organisation liegt in der überragenden geschäftlichen Bedeutung, die den Katalysatoren gegenüber den übrigen Produkten zukommt. Das zweite Mal handelt es sich um ein Unternehmen der Maschinenbaubranche, das sehr unterschiedliche Produktgruppen anbietet. Dort hat jede Sparte ihr eigenes Labor. Dieses Labor ist aber wiederum zuständig für alle Produktbereiche einer Sparte. Es übt innerhalb seiner Sparte quasi eine Zentrallaborfunktion aus. Nachdem man zuerst dieses Labor direkt an einen Produktbereich angekoppelt hatte, erkannte man schnell die Unzweckmäßigkeit dieser Organisationsform und richtete das Labor wieder als produktbereichsübergreifend ein. So kann das Labor auch neue Produktideen aufgreifen, die noch in keinen Bereich passen.

Die "zentrale Form" findet sich dagegen nur, wenn das Unternehmen insgesamt eine funktionale Organisationsstruktur aufweist. Die Gründe hierfür sind:
1. Das Unternehmen verkauft fast überwiegend ein einziges Produkt.
2. Das Produktprogramm wird vom Fachhandel als Ganzes angeboten. Deswegen ist es sinnvoll, daß dem Fachhandel auch eine Vertriebsabteilung als Verhandlungspartner gegenübersteht, die alle Produkte betreut.

In beiden Fällen ist die Anzahl der Entscheidungsfindungsfaktoren und deren Änderungsrate relativ geringer, was einen niedrigeren Umweltunsicherheitsgrad zur Folge hat. Auch hier bestätigt sich die These, daß die Unternehmen eine ähnliche FuE-Organisationsform besitzen, deren Umweltunsicherheit ähnlich ist.

Dabei ist die zentrale FuE-Abteilung wiederum in Entwicklungsgruppen unterteilt, von denen eine für neuartige, zukunftsweisende Projekte zuständig ist. In dieser Entwicklungsgruppe wird auch Grundlagenforschung betrieben.

Eines der Unternehmen mit zentraler FuE-Organisation hatte zeitweise zusätzlich zu seinem zentralen Entwicklungsressort ein eigenes Ressort Wissenschaft und Forschung. Da die freie Forschung dieses Ressorts jedoch den schnellen und produktbezogenen Ergebnissen, die benötigt werden, entgegenstand, wurden die Forschungsarbeiten wieder in die Entwicklungsabteilung zurückverlagert. Und für zukunftsorientierte Projekte gründete man ein eigenes Unternehmen.

**b. Organisation der Produktentwicklung**

**1. Positionierung**

Eine Auswertung der Fragen II.2 und II.3 des Interviewleitfadens bestätigt die in dieser Arbeit aufgestellten Hypothesen.

Verbesserte Produkte werden in Spartenlabors entwickelt bzw. in den Entwicklungsgruppen für die einzelnen Produktbereiche, wenn es sich um Unternehmen mit funktionaler Organisationsstruktur handelt.

Neue Produkte, die die Charakteristika
- für übermorgen,
- spartenübergreifend und
- risikoreich
aufweisen, werden dagegen im Zentrallabor entwickelt. Bei funktionaler Organisation übernimmt innerhalb des Zentrallabors diese Aufgabe entweder eine speziell für produktgruppenübergreifende Projekte eingerichtete Entwicklungsgruppe, z.B. eine Entwicklungsgruppe Wissenschaft. Oder es wird ein Projektteam aus Mitgliedern der verschiedenen Entwicklungsgruppen gebildet, das die Entwicklungstätigkeiten am Anfang betreut, so lange, bis sie in ein konkretes Stadium gelangt sind und den einzelnen Entwicklungsgruppen zur Weiterarbeit übergeben werden können.

Bei dezentraler Organisation werden die neuen Produkte natürlich auch von den Spartenlabors entwickelt.

Ebenso ist dies in den Unternehmen der Chemiebranche der Fall. Hier übernimmt das Zentrallabor vor allem Dienstleistungsfunktionen für die Spartenlabors. An der Entwicklung neuer Produkte ist das Zentrallabor in der ersten Phase und dann in Zusammenarbeit mit Spartenlaboratorien beteiligt. Nur wenn sich für eine Neuentwicklung keine Sparte findet, in die das neue Produkt paßt, kann es vorkommen, daß das Zentrallabor es so lange betreut, bis sein Umsatzvolumen die Eröffnung einer eigenständigen Sparte rechtfertigt. Ausschlaggebend für diese Positionierung ist, daß Produktverbesserungen eher der Marktnähe und des laufenden Geschäftes bedürfen, weil

1. die Impulse für Verbesserungen aus der Beobachtung des Absatzmarktes kommen,

2. ihre Entwicklung mit der Fertigungs- und Vertriebsabteilung abgestimmt werden muß, da weitestgehend bestehende Fertigungsanlagen und Vertriebswege genutzt werden, und

3. Erfahrungen aus vorangegangenen Entwicklungstätigkeiten verwertet werden können.

Auf dies alles wird bei neuen Produkten bewußt kein Wert gelegt, da sie sich ja von allem Bisherigen abheben und ganz neue Märkte erschließen sollen. Natürlich treten auch bei der Entwicklung neuer Produkte Lernkurveneffekte auf. Wenn ein Labor bereits einmal eine Produktinnovation durchgeführt hat, weiß es, wie es beim nächsten Mal vorzugehen hat. Diese Spezialisierungseffekte werden am ehesten realisiert, wenn die Entwicklungsarbeiten in einer Stelle zentral zusammengefaßt sind. Dies gilt auch für Synergieeffekte, die auftreten, wenn neue Produkte gemeinsame Merkmale aufweisen.

Für ein Unternehmen der Elektronikbranche war dies sogar der ausschlaggebende Grund, in der Unternehmensgruppe Nachrichtentechnik eine für alle Geschäftsbereiche zentrale Entwicklungsabteilung einzurichten im Gegensatz zu den anderen Unternehmensgruppen, die geschäftsbereichsbezogene Entwicklungsabteilungen haben. Da allen Entwicklungen auf nachrichtentechnischem Gebiet die Mikroelektronik als neue gemeinsame Technologie jetzt und in absehbarer Zukunft zugrunde liegen wird, erschien eine Zusammenfassung der Entwicklungsaktivitäten in einem Labor angebracht.

Bei den meisten Unternehmen ist die zentrale Entwicklungsabteilung ein Vorstandsressort. In einem Unternehmen ist der Chef der Entwicklungsabteilung auch zugleich der Vorsitzende des Vorstandes. Dies hebt hervor, daß die Unternehmen der Entwicklung neuer Produkte eine große Bedeutung beimessen. Dies zeigt sich auch daran, daß in fast allen Unternehmen ein Ausschuß für neue Produkte existiert, und zwar unabhängig von der jeweiligen Organisationsstruktur.[1] Die Aufgabe dieses Ausschusses besteht überwiegend in einer bereichsübergreifenden Koordination der Innovationsaktivitäten. Meist gibt es mehrere Ausschüsse für die unterschiedlichen hierarchischen Ebenen, die in einen Innovationsprozeß involviert sind. Ein Unternehmen der Elektronikbranche tat sich dabei besonders hervor, wie folgendes Schaubild zeigt, vielleicht deswegen, weil bei Siemens schon zu Beginn dieses Jahrhunderts Ausschüsse in Form von 'Kommissionen' eingerichtet wurden.[2]

1 Vgl. Auswertung der Frage 4 des Interviewleitfadens.
2 Vgl. Frese, Erich (1984), S. 69.

**Schaubild 15:  Steuerung von Forschung und Entwicklung in der Siemens AG**

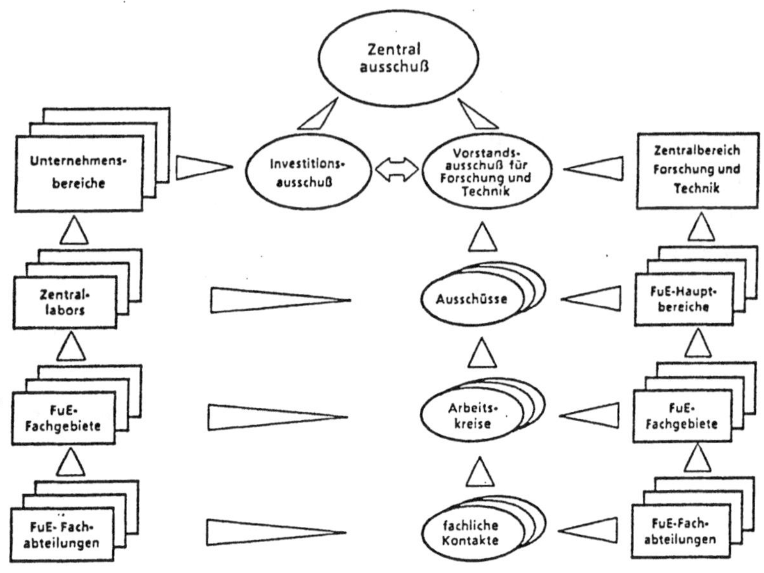


QUELLE: unveröffentlichtes Material der Siemens AG, München

Es wurde in Frage II.3 auch gefragt,  ob zur Entwicklung neuer Produkte venture teams gebildet werden.  Ein venture team ist eine organisatorische Teileinheit eines Unternehmens,  die über alle unternehmerischen Funktionen verfügt,  damit sie wie ein neugegründetes Unternehmen agieren kann,  allerdings mit der Muttergesellschaft verbunden bleibend.  Dieses Konzept,  das in der Literatur als für die Einführung von Neuerungen sehr geeignet angesehen wird,[1] ist jedoch in keinem der befragten Unternehmen realisiert worden.

---

1   Vgl. Nathusius, Klaus (1979b), S. 177.

## 2. Externe Informationsquellen

Externe Informationsquellen werden vor allem von Unternehmen der chemischen und der feinmechanischen Branche in Anspruch genommen.[1] Dabei handelt es sich bei den Chemieunternehmen neben Forschungsinstituten vor allem um Kliniken, die die neuentwickelten Präparate testen. Ein Unternehmen der Feinmechanik, das hauptsächlich medizinische Instrumente herstellt, arbeitet außerdem eng mit Konstruktionsbüros zusammen, die Teilkomponenten der Instrumente entwickeln.

Unternehmen der Elektronikbranche nehmen externe Informationsquellen nur in geringem Maß in Anspruch. Sie geben zum Teil Softwareentwicklungen außerhalb ihres Unternehmens in Auftrag.

Sind die Unternehmen dagegen einem harten Wettbewerb ausgesetzt, wie z.B. die Unternehmen der Automobilbranche, dann nutzen sie Informationen externer Institutionen bei ihren Entwicklungsarbeiten kaum. Die Furcht, daß dabei die eigenen Forschungs- und Entwicklungsergebnisse frühzeitig der Konkurrenz bekannt würden, ist zu groß. Nur gelegentlich werden FuE-Aufträge an Zulieferfirmen vergeben.

In einem nächsten Schritt wurde geprüft, ob sich ein Zusammenhang zwischen Unternehmensgröße und interner bzw. externer Informationsgewinnung festellen läßt. Da kleinere Unternehmen meist nicht in der Lage sind, einen großen Stab von Wissenschaftlern zu beschäftigen, wäre zu vermuten, daß sie stärker auf externe Forschungsergebnisse zurückgreifen. Diese Vermutung wird jedoch durch die Interviewergebnisse nicht bestätigt. Eher scheinen die Art der Produkte und die Intensität des Wettbewerbs ausschlaggebend für die Inanspruchnahme externer Informationsquellen zu sein.

1 Vgl. Frage II.6 des Interviewleitfadens im Anhang.

## 3. Transfer vom Zentral- zum Spartenlabor

Neuproduktentwicklungen werden dann vom Zentral- einem Spartenlabor übergeben, wenn sie ein fortgeschrittenes Stadium erreicht haben. Unterteilt man den Entwicklungsprozeß z.B. eines chemischen Produktes in die folgenden vier Phasen,

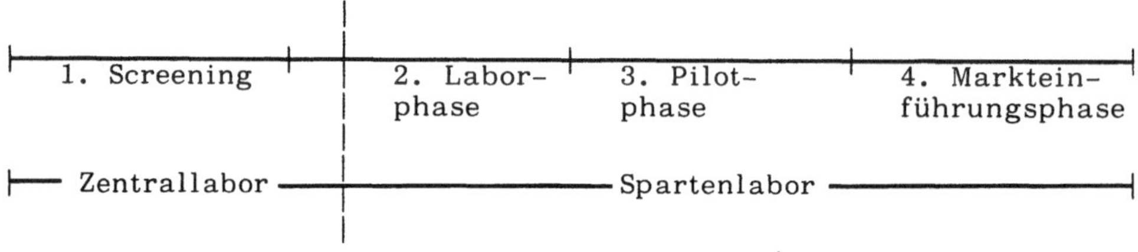

dann wird das neue Produkt etwa zu Beginn der Laborphase an ein Spartenlabor übergeben. Voraussetzung ist allerdings, daß es eine Sparte gibt, zu deren Spartenprodukten die Neuentwicklung paßt. Ist dies nicht der Fall, wird das neue Produkt so lange vom Zentrallabor betreut, bis sein Geschäftsvolumen derart expandiert, daß sich die Eröffnung einer neuen Sparte lohnt. Eine andere organisatorische Möglichkeit böte in einem solchen Fall eine spin-off-Gründung, die das neue Produkt übernimmt. Unter einem spin-off versteht man eine technologieorientierte Neugründung, die im Einvernehmen mit der Muttergesellschaft erfolgt.[1] Dies Einvernehmen kann z.B. in der Gewährung finanzieller Unterstützung oder in der Überlassung qualifizierter Mitarbeiter bestehen. Praktiziert wurde dieses Konzept einer spin-off-Gründung bereits einige Male von einem Unternehmen der Automobilbranche.

Die dritte Möglichkeit, mit einer Produktinnovation nach Abschluß der Zentrallaborentwicklungen zu verfahren, ist die des Verkaufs an ein anderes Unternehmen. Dazu rang sich in einem Fall ein Maschinenbauunternehmen durch, nachdem es zuerst versucht hatte, das neue Produkt selbst zu fertigen, bald aber feststellen mußte, daß

---

1   Vgl. Hunsdiek, Detlef (1987), S. 120.

dies nur zu sehr hohen Kosten möglich gewesen wäre, da das neue Produkt sehr stark vom übrigen Fertigungsprogramm abwich.

Findet jedoch die Zuordnung eines neuen Produkts zu einer Sparte statt, so zeigt die Auswertung der Frage 16, daß die Sparte hauptsächlich danach ausgewählt wird, ob sie über das notwendige know-how verfügt, und ob die Wahl mit geschäftsstrategischen Überlegungen im Einklang steht.

Bei Unternehmen mit funktionaler Organisation ist die Produktübergabe an eine Sparte nicht möglich. Jedoch vollzieht sich auch hier ein Übergabeprozeß. Entweder löst sich das Projektteam, das die anfänglichen Entwicklungsbemühungen betreut, später auf und übergibt seine Arbeiten an die entsprechenden Fachbereiche. Oder eine produktgruppenspezifische Entwicklungsgruppe, falls es eine solche in der zentralen Entwicklungsabteilung gibt, übergibt das neue Produkt an die anderen Entwicklungsgruppen.

## 4. Eigen- versus Fremdfertigung

In fast allen Unternehmen werden neue Produkte eigengefertigt. Nur ein Unternehmen gibt an, daß es manchmal neuentwickelte Produkte in einem fremden Unternehmen fertigen läßt, wenn seine Produktionskapazitäten voll ausgelastet sind. Ein anderes Unternehmen fertigt neue Produkte in den Fällen nicht selbst, in denen die Produkte in Kooperation mit einem anderen Unternehmen entwickelt wurden. Für viele Unternehmen ist ein entscheidendes Kriterium für die Aufnahme von Entwicklungsaktivitäten, ob sie über das erforderliche Fertigungspotential verfügen.

Diese Antworten auf Frage 15 verwundern in ihrer Eindeutigkeit, da zumindest im Fall der Cerealienentwicklung bei Oetker die Fertigung des neuen Produktes fremden Unternehmen übertragen wurde.

Aber in der Regel scheint wohl zuzutreffen, daß gemäß den Prinzipien der Transaktionskostentheorie

1. die 'asset specifity' der Produktionsanlagen für neue Produkte so groß ist, daß eine Fremdfertigung zu hohe Abstimmungskosten verursacht und

2. die Widerstände der Mitarbeiter in der Fertigungsabteilung gegen neue Tätigkeiten, die eine Änderung des Fertigungsprozesses mit sich bringen, nicht unüberbrückbar hoch sind, so daß eine Eigenfertigung durchführbar ist.

## c. Die Organisation der Verfahrensentwicklung

### 1. Positionierung

Wie bereits geschrieben, wird unter einer Verfahrensentwicklung sowohl eine Eigenentwicklung als auch der Kauf eines neuen Verfahrens von einem anderen Unternehmen verstanden. Am Beispiel eines flexiblen Fertigungssystems sieht man deutlich, daß im Falle des Kaufs eines Basissystems mit anschließender Weiterentwicklung[1] sehr viele unternehmensinterne Anpassungsmaßnahmen erforderlich sind: es müssen eigene Steuerprogramme geschrieben werden, die Lagerung und der Transport der Werkstücke und der Werkzeuge muß organisiert und die Verknüpfungen zu den anderen Produktionsanlagen müssen hergestellt werden. Die dazu erforderlichen Entwicklungsmaßnahmen stehen vom Umfang her kaum hinter einer eigenen Verfahrensentwicklung zurück. Deswegen wurde in Frage II.5 des Interviewleitfadens sowohl nach Eigen- als auch nach Fremdentwicklungen gefragt.

Legt man die Kategorien zugrunde, in die Wildemann Technologien einteilt in Abhängigkeit von der Lebenszyklusphase, in der sie sich befinden,[2] dann läßt sich auf Grund der Antworten zu Frage II.5 festellen:

---

1    Wildemann, Horst (1986b), S. 349f.
2    Wildemann, Horst (1986a), S. 5.

- Technologien der Kategorie A, die in der Einführungsphase sind, werden in der Regel vom Zentrallabor betreut. In einem Automobilkonzern betreut z.B. die zentrale Forschungsabteilung (FuT-Abteilung) die Einführung von CIM.[1]

- Technologien der Kategorien B und C, die in der Wachstums-, Reife- und Altersphase sind, werden dagegen vom Spartenlabor meist in Zusammenarbeit mit der Fertigungsabteilung betreut.

Bei Technologien der Kategorien B und C handelt es sich vielfach um Basissysteme fremder Hersteller, die an die eigene Fertigung angepaßt werden müssen. Dazu muß eng mit der betroffenen Fertigungsabteilung zusammengearbeitet werden. Das ist am leichtesten dem Spartenlabor möglich, das außerdem auch die Produkte, die mit dem neuen System gefertigt werden sollen, sehr gut kennt.

Unterstrichen wird die Bedeutung, die der Fertigungsabteilung bei der Einführung neuer Verfahren zukommt, durch die Tatsache, daß ein Unternehmen mit funktionaler Organisation die Verfahrensentwicklung nicht seiner zentralen Entwicklungsabteilung zugeteilt, sondern als eigene Einheit: Fertigungsentwicklung der Fertigungsabteilung zugeordnet hat.

Außer dem Reifegrad der Technologie spielt für die Positionierung einer Prozeßinnovation auch die Produktart eine Rolle. So ist bei chemischen Produkten die Neuproduktentwicklung eng gekoppelt mit der Verfahrensentwicklung. Hat sich das neue Produkt in Tests als erfolgreich erwiesen, dann werden neue Verfahren entwickelt, die seine kostengünstige Produktion in großer Stückzahl ermöglichen. Oder ein neues Verfahren führt dazu, daß neue Produkte entwickelt werden können. Als Beispiel sei hier die Elektronenstrahltechnologie genannt, mit deren Hilfe die Beiersdorf AG neue Produkte für ihr Etikettengeschäft herstellt.[2] Eine so enge Verzahnung prädestiniert besonders das Spartenlabor für die Übernahme der Entwicklungstätig-

---

1  CIM = Computer Integrated Manufactoring; vgl. dazu Syska, Andreas; Förster, Hans-Ulrich (1985), S. 8.
2  Vgl. Beiersdorf AG, Geschäftsbericht 1986, S. 24.

keiten, da es in engem Kontakt mit der Spartenfertigung entwickeln kann.

Dieses Befragungsergebnis, das die Entwicklung von Verfahren, die 'gereiftere Technologien' einbeziehen, dem Spartenlabor zuweist, steht nicht im Widerspruch zu dem Ergebnis, das der Vergleich der Transaktionskosten erbracht hatte. Dort wurde für eine Prozeßinnovation die Bildung einer Projektgruppe unter der Obhut eines Spartenlabors empfohlen. Eine Projektgruppe setzt voraus, daß eine Reihe von Spezialisten an der Projektaufgabe arbeiten. Das verlangt aber wiederum, daß die eingesetzte Technologie einen gewissen Diffusionsgrad erreicht hat, sonst fänden sich keine Spezialisten, die über sie Bescheid wüßten. Bei Technologien in der Einführungsphase ist der Kreis der Fachleute so klein, daß daraus kaum eine Projektorganisation aufgebaut werden kann. In einem solchen Fall ist es sinnvoller, die Entwicklungsarbeiten einem Zentrallabor zuzuweisen. Zu diesem Ergebnis kommt man auch, wenn man den Transaktionskostenvergleich vor der Preisvariation heranzieht. Insofern sind also die Resultate aus dem Kostenvergleich und aus den Interviewantworten deckungsgleich.

## 2. Mitarbeiterqualifizierung

Die Anwendung neuer Verfahren erfordert neues Wissen der Mitarbeiter. Eine hohe Mitarbeiterqualifikation ist von zentraler Bedeutung für eine effiziente Nutzung neuer Technologien, wie zahlreiche Studien belegen.[1] Ein höherer Automatisierungsgrad, wie er die meisten Prozeßinnovationen auszeichnet, reduziert nicht die Arbeitsleistungen zu monotonen Routinetätigkeiten, sondern verlangt qualifizierte Fachkräfte zur Steuerung der automatisierten Fertigungsprozesse.

Dabei kann ein Unternehmen im wesentlichen zwei Strategien verfolgen, um zu dem erforderlichen qualifizierten Mitarbeiterstab zu gelangen:

1 Vgl. Wildemann, Horst (1986b), S. 357f.

1. Es kann neue Mitarbeiter einstellen oder
2. Es kann seine vorhandenen Mitarbeiter schulen.
In den meisten Fällen wird jedoch eine Strategie verfolgt, die aus einer Mischung dieser zwei Extrema besteht: das Unternehmen zieht externe Berater hinzu, die es bei der Implementierung der neuen Technologie beratend unterstützen. Daneben stellt es sowohl neue Mitarbeiter ein, als auch schult es alte Mitarbeiter für die Arbeit an den neuen Systemen.[1]

Diese Strategie wird ebenfalls von den befragten Unternehmen verfolgt. Wie die Antworten auf die Fragen 17, 18 und 19 ergeben, haben fast alle Unternehmen für ihre neuen Entwicklungen neue Mitarbeiter eingestellt, wobei die Anzahl zwischen eins und acht schwankt.

Nur bei den Unternehmen der Elektronikbranche scheint der Bedarf an neuen Mitarbeitern wesentlich höher zu liegen. Ein Unternehmen stellte für eine seiner neuesten Erfindungen 100 Leute, für eine zweite sogar 500 neue Leute ein. Zwei andere Elektronikunternehmen konnten zwar keine direkte Zuordnung von Neueinstellungen zu neuen Entwicklungen vornehmen, gaben aber an, daß in den letzten Jahren zwischen 1.000 und 2.700 neue Mitarbeiter für den gesamten Bereich Forschung und Entwicklung eingestellt wurden. Offensichtlich erfordern die neuen Technologien, die bei den elektronischen Neuentwicklungen eingesetzt werden, ein überdurchschnittliches Maß an neuem Wissen.

Diese These bestätigt ein Automobilunternehmen, das für die Arbeit an seinen neuen Fertigungssystemen CAD/CAM[2] nur neue Mitarbeiter einstellt.

Alle Unternehmen bis auf eines geben an, daß sie Schulungsmaßnahmen durchführen. Die Dauer der Schulungsphase schwankt zwischen mehreren Wochen und mehreren Monaten, je nach Intensität und

1 Vgl. Wildemann, Horst (1986b), S. 356f.
2 CAD/CAM = Computer Aided Design and Manufacturing; vgl. Syska, Andreas; Förster, Hans-Ulrich (1985), S. 8.

Inhalt. Dabei verfolgen die Unternehmen außer der direkten Qualifizierung ihrer Mitarbeiter für die neuen Technologien auch das Ziel der Steigerung ihrer Reputation am Arbeitsmarkt, was generell durch ein Angebot an Bildung erreicht werden kann.[1]


## d. Koordination des Innovationsprozesses

Das Problem der Koordination wird allgemein als das grundlegende Dilemma arbeitsteiliger Systeme bezeichnet.[2]

Generell kann Koordination erfolgen
- durch die Formulierung von Entscheidungskompetenzen und
- durch die Regelung des Informationsaustausches zwischen Organisationseinheiten.[3]

Die erste Möglichkeit der Koordination durch die Übertragung von Entscheidungskompetenzen ist in den vorangegangenen Kapiteln behandelt worden, in denen der Frage nachgegangen wurde, welches Labor für welche Innovationsart zuständig ist.

In diesem Abschnitt, der eine Auswertung der Fragen II.7, 13 und 14 enthält, wird untersucht, wie der Informationsaustausch während des Innovationsprozesses von den Unternehmen geregelt wird. Es werden Regelungen oder "kooperative Formen betrieblicher Zusammenarbeit"[4] von unterschiedlicher organisatorischer "Strenge", d.h. von unterschiedlichem Institutionalisierungsgrad, Formalisierungsgrad etc., getroffen.

Die Koordination erfolgt

1. über den Vorstand. In einigen Unternehmen ist die zentrale Forschungsabteilung ein Vorstandsressort, einmal sogar das des Vor-


1    Vgl. Sadowski, Dieter (1980), S. 81.
2    Vgl. Frese, Erich (1984), S. 200.
3    Vgl. Frese, Erich (1984), S. 201.
4    Gutenberg, Erich (1962), S. 127.

standsvorsitzenden. In einem Unternehmen betreut ein Vorstandsmitglied in Personalunion sowohl das Zentrallabor als auch das Labor einer wichtigen Sparte. Diese Koordinationsform gewährleistet, daß die Forschungsplanung eng verzahnt ist mit der Gesamtunternehmensplanung und ständig mit ihr abgestimmt wird.

2. durch Kommissionen und Ausschüsse, die auf verschiedenen Hierarchieebenen angesiedelt sind und der Abstimmung zwischen den in den Innovationsprozeß involvierten Abteilungen der einzelnen Ebenen dienen.

3. durch Projektteams und Arbeitsgruppen, in die Mitarbeiter unterschiedlicher Abteilungen entsendet werden.

4. durch regelmäßige Präsentationen der Forschungsergebnisse der einzelnen Laboratorien.

5. durch eine Vielzahl informeller Kontakte zwischen den Mitarbeitern der einzelnen Laboratorien.

Ein Unternehmen der Elektronikbranche versucht, die Unverbindlichkeit vieler dieser Koordinationsmaßnahmen zu verringern, indem es innerhalb der Werke einer Sparte einzelne Mitarbeiter zu sogenannten Vertriebspartnern (VP) und technischen Partnern (TP) ernennt. Vertriebspartner sind zuständig für das Produkt in der Vertriebsphase, technische Partner sind für das Produkt in der Entwicklungs- und Produktionsphase zuständig. Beide Partner müssen sich austauschen, denn sie tragen die Verantwortung dafür, daß ihr Produkt sowohl den technischen als auch den marktlichen Anforderungen genügt. Die Ernennung von technischen Partnern und Vertriebspartnern kann als eine Möglichkeit gewertet werden, der zwischen Forschung und Marketing besonders gravierenden Abstimmungsprobleme Herr zu werden.[1]

---

1 Vgl. Brockhoff, Klaus (1985), S. 624.

Betrachtet man die Koordinationsmaßnahmen, die nicht nur zwischen dem Zentrallabor und den Spartenlaboratorien getroffen werden, sondern die auch die anderen Abteilungen wie Fertigung und Vertrieb betreffen, dann fällt bei einer Durchsicht der Antworten zu Frage 14 auf, daß die Geschäftsleitung in die Abstimmung dieses erweiterten Innovationskreises kaum einbezogen wird. Fast scheint es so, als wäre die Geschäftsleitung nicht mehr in den Innovationsprozeß involviert, sobald sie die Entscheidung zur Durchführung der Entwicklung getroffen hat.[1]

Da das Zentrallabor keine eigenen Einkünfte erzielt, denn es gibt ja seine Arbeiten an die Sparten weiter, die sie ökonomisch verwerten, ist ein weiterer Punkt, in dem sich Koordination dokumentiert, die Festlegung des Zentrallaborbudgets. Dieses Budget kann nach Beobachtungen von Rubenstein so finanziert werden, daß einmal eine Umlage von den einzelnen Sparten erhoben wird in Abhängigkeit von bestimmten Kriterien wie ihrem Umsatz oder ihrer Wertschöpfung. Zweitens müssen die Sparten Dienstleistungen, die sie vom Zentrallabor beziehen, direkt dort bezahlen. Ergibt sich darüber hinaus noch ein Finanzierungsbedarf für einzelne Projekte, dann werden Gelder von "the corporate general and administrative funds"[2] abgezogen.

Diese Form der Finanzierung findet sich nur bei einem Unternehmen der Elektronikindustrie. Hier wird eine prozentuale Umlage von den Sparten erhoben und zwar als Prozentsatz ihrer Wertschöpfung (Umsatz - Material). Bei allen anderen Unternehmen werden zwar die Dienstleistungen, die das Zentrallabor für die Sparten ausführt, direkt mit diesem abgerechnet und bilden so einen Teil seines Budgets. Das Budget insgesamt wird jedoch im Rahmen der Gesamtbudgetplanung des Unternehmens von der Geschäftsleitung festgelegt. Es wird meist als Personalbudget aufgestellt, kann aber auch ein Finanzmittelbudget für die einzelnen Entwicklungsprojekte sein. Im letzteren Fall kann die Geschäftsleitung dank ihres Budgetentscheidungsrechts

---

1    Vgl. Pay, Diana de (1987), S. 23.
2    Rubenstein, Albert H. (1962), S. 15.

die Auswahl der Entwicklungsprojekte direkt beeinflussen, woran ihr sehr gelegen ist.[1]

Abgeleitet wird das Budgetvolumen insgesamt aus dem Programm der mittelfristigen Forschungsplanung, das für einen Zeitraum von fünf bis zehn Jahren aufgestellt und regelmäßig angepaßt wird.


**e. Innovationswiderstände**

Wie Berthold bei seiner Untersuchung der Forschungsaktivitäten industrieller Großunternehmen in Deutschland feststellte, unterscheiden sich die Einstellungen der Mitarbeiter im Zentrallabor zur Forschung und Entwicklung grundlegend von den Einstellungen der Mitarbeiter der Spartenlabors oder der Mitarbeiter anderer Abteilungen.[2]

Zu demselben Ergebnis kommt man, wenn man die Antworten zu Frage II.8 auswertet. Fast alle Unternehmen bejahen, daß im Zentrallabor andere Ziele verfolgt werden als in den Spartenlaboratorien, bzw. bei funktionaler Organisationsstruktur als in den Abteilungen Fertigung und Vertrieb.

Die Mitarbeiter des Zentrallabors beschäftigen sich, wie der Gesprächspartner aus einem Elektronikunternehmen formulierte, mit grundlegenden, bereichsübergreifenden, risikoreichen Projekten für übermorgen. Sie realisieren also produkt- bzw. prozeßferne, langfristige Forschungs- und Entwicklungsvorhaben und forschen eher technologieorientiert.[3]

Die Mitarbeiter der Abteilungen einer Sparte müssen dagegen mit ihrer Arbeit zum Spartenerfolg beitragen, besonders dann, wenn der Sparte als Profit Center die Verantwortung für ihren Gewinn übertragen wurde. Das bedeutet, daß die Spartenlaboratorien Projekte entwickeln müssen, die sich schnell ökonomisch verwerten lassen und mit

1   Vgl. Berthold, Klaus (1969), S. 78.
2   Vgl. Berthold, Klaus (1969), S. 90.
3   Vgl. Berthold, Klaus (1969), S. 90.

denen die Sparten jetzt im Wettbewerb bestehen können. Ihre Forschungsaktivitäten sind vor allem marktorientiert.

Ebenso übereinstimmend bejahen die befragten Unternehmen die Frage, ob es auf Grund dieser unterschiedlichen Ziele zu einer Verlängerung des Innovationsprozesses bzw. zu einer Verringerung der zu erwartenden Innovationserträge komme.[1] Daß die Innovationserträge zurückgehen, wenn sich der Innovationsprozeß verlängert, bestätigen Berechnungen verschiedener Umsatzkurvenverläufe, die auf der Grundlage von Siemens-Daten erstellt wurden. Es stellt sich heraus, daß sich der erwartete Umsatz aus einer Produktinnovation von 100 Mio. DM, kumuliert über fünf Jahre, um 20 Mio. DM verringert, wenn sich ihr Einführungszeitpunkt um ein Jahr verzögert, und um weitere 25 Mio. DM bei einer zweijährigen Verzögerung. Umgerechnet auf den Monat heißt das, daß "jeder Monat Verzögerung in der Produktverfügbarkeit im Durchschnitt 1,5 Mio. DM weniger Umsatzerlös"[2] erbringt.

Zieldivergenzen führen also bei den befragten Unternehmen zu einer Verlängerung des Entwicklungsprozesses, zu einer Verschiebung des Einführungszeitpunktes und damit zu geringeren Innovationserträgen. Ein Unternehmen der Automobilbranche gab allerdings an, daß es nur zu zeitlichen Verschiebungen innerhalb des Innovationsprozesses komme, die aber ausgeglichen würden, da der Serieneinsatztermin auf alle Fälle eingehalten würde.

Fast ebenso einstimmig, wie Zieldivergenzen und daraus resultierende Innovationsprozeßverzögerungen bejaht wurden, wurde das Auftreten von Widerständen gegen die Übernahme neuer Produkte oder neuer Verfahren verneint, wie eine Auswertung der Antworten zu Frage 9 zeigt. Eine gute Abstimmung in der Vorbereitungsphase, so wurde angegeben, glätte von vornherein unterschiedliche Auffassungen und verhindere mögliche Widerstände.

---

1 Vgl. Auswertungen zu Frage 12 des Interviewleitfadens.
2 Commes, Max-Theodor; Lienert, Richard (1983), S. 351.

Diese Antworten stehen nicht nur im Widerspruch zu anderen in der Literatur vertretenen Meinungen. So schreibt z.B. Kieser, daß Vertreter von Unternehmensabteilungen, die unterschiedliche Ziele verfolgen, "beträchtliche Kommunikationsprobleme"[1] haben, da die einzelnen Mitglieder zu einer Identifikation mit den Abteilungszielen neigen. Auch Berthold konstatiert in seiner Untersuchung Konflikte zwischen z.B. dem Bereich FuE und anderen Unternehmensbereichen, die aus Einstellungsunterschieden resultieren.[2]

Auch passen die Antworten nicht zu den Antworten auf die Fragen II.8 und 12. Zieldivergenzen können nur dann zu Verzögerungen im Innovationsprozeß führen, wenn einzelne Mitarbeiter nicht so zügig wie geplant ihre Arbeiten verrichten. Das ist immer dann der Fall, wenn die Mitarbeiter mit den Endergebnissen ihrer Arbeit nicht ganz einverstanden sind, d.h. wenn bei ihnen Widerstände vorhanden sind, die es abzubauen gilt.

Zur Erklärung dieser Widersprüche sei an zwei Nachteile erinnert, die mit der Auswertung von Interviews verbunden sind. Erstens erfaßt der Interviewer die Einstellungen und Meinungen der Menschen nur unzureichend, zweitens kann er den Bezugsrahmen der Befragten nur unzulänglich bestimmen.[3]

Übertragen auf die hier wiedergegebenen Interviews sei erwähnt, daß die Interviewpartner eher zur mittleren bis oberen Führungsebene, nicht jedoch zur obersten Führungsspitze gehörten. Das erklärt ihre möglicherweise vorhandene Scheu, Widerstände in ihrem Unternehmen anzugeben, auch wenn sie durch ihre anderen Antworten Widerstände indirekt zugeben.

---

1   Kieser, Alfred (1983), S. 443.
2   Vgl. Berthold, Klaus (1969), S. 91.
3   Vgl. Katz, Daniel (1974), S. 320 u. S. 327.

## f. Fazit

Auch wenn nicht alle Nuancen erfaßt werden können, werden hier die wichtigsten Interviewergebnisse im Überblick wiedergegeben:

1. Neue Produkte werden in Zentrallaboratorien entwickelt, soweit diese eingerichtet sind.

2. Verbesserte Produkte werden in Spartenlaboratorien entwickelt.

3. Die zentrale Entwicklungsabteilung gehört oft in den Zuständigkeitsbereich der Geschäftsführung.

4. Externe Informationsquellen zur Produktentwicklung werden vor allem von Chemieunternehmen genutzt.

5. Vom Zentrallabor entwickelte Produkte werden nach der Anfangsentwicklungsphase an ein Spartenlabor übergeben, falls sie in das Programm einer Sparte passen. Sonst kann eine neue Sparte aufgemacht werden.

6. Neue Produkte werden in der Regel im eigenen Unternehmen gefertigt.

7. Neue Verfahren, die ganz neue Technologien anwenden, werden von Zentrallaboratorien entwickelt.

8. Bezieht die Verfahrensentwicklung jedoch "ausgereiftere Technologien" ein, betreut sie das Spartenlabor. Dazu sollte eine Projektgruppe gebildet werden.

9. Für Innovationen werden sowohl neue Mitarbeiter eingestellt, als auch alte geschult.

10. Die Koordination des Innovationsprozesses erfolgt durch Kommissionen und Ausschüsse, die auf allen hierarchischen Ebenen angesiedelt sind.

11. Zwischen dem Zentrallabor und den Spartenlaboratorien bzw. den Abteilungen Fertigung und Vertrieb bestehen Zieldivergenzen, die zu einer Verlängerung des Innovationsprozesses führen können.

Betrachtet man vor allem die Ergebnisse 1, 2, 7 und 8, so scheinen die Hypothesen dieser Arbeit durch die Befragung bestätigt zu werden.[1]

---

1 Vgl. Kapitel D.I.a.

## E. Organisation von Innovationen in mittelständischen Unternehmen

In den vorangegangenen Ausführungen wurde auf die Unternehmensgröße als Einflußfaktor der Organisationsstruktur nicht eingegangen. Das rührt daher, weil nach der Transaktionskostentheorie in erster Linie die Merkmale der abzuwickelnden Transaktion ihre organisatorischen Regelungen bestimmen, während sich die äußeren Bedingungen, unter denen eine Transaktion durchgeführt wird, und zu denen gehört die Unternehmensgröße, erst in zweiter Linie auswirken.

Dennoch soll in diesem Kapitel kurz auf die Frage eingegangen werden, wie die Hypothesen, die in dieser Arbeit aufgestellt wurden, auf kleine und mittlere Unternehmen übertragen werden können, d.h. wie Innovationsprozesse in mittelständischen Unternehmen organisiert werden können. Zur Begründung sei an das zu Anfang dieser Arbeit formulierte Ziel erinnert, daß die getroffenen organisationstheoretischen Aussagen immer auch 'generelle Orientierungshilfen für praktische Organisationsprobleme' darstellen sollen. Das bedeutet aber, daß man bei einer Untersuchung der Organisation von Innovationen nicht außer Acht lassen kann, daß möglicherweise Modifikationen der Organisation bei kleinen und mittleren Unternehmen erforderlich sind. Immerhin waren 1984 ca. 99 % aller Unternehmen in der Bundesrepublik Deutschland den Kategorien klein bzw. mittel zuzurechnen, legt man die Einteilung des Instituts für Mittelstandsforschung zugrunde.[1]

Der Zusammenhang, der zwischen den Variablen Unternehmensgröße und Organisationsstruktur besteht, wurde in zahlreichen Forschungsprojekten untersucht.[2] Hier seien als Beispiel die Ergebnisse wieder-

---

1 Vgl. Kayser, Gunter (1986), S. 20. Das Institut für Mittelstandsforschung trifft die folgende Einteilung:

| Unternehmensgröße | Merkmal | |
| --- | --- | --- |
| | Zahl der Beschäftigten | Umsatz DM/Jahr |
| klein | bis 49 | bis 1 Mio. |
| mittel | 50 bis 499 | 1 bis 100 Mio. |
| groß | 500 und mehr | 100 Mio. und mehr |

2 Ein Überblick über diese Forschungsarbeiten findet sich bei Frese, Erich (1984), S. 318ff; ebenso bei Bock, Kurt (1986), S. 25ff.

gegeben, zu denen Bock bei einer Befragung von 463 mittelständischen Unternehmen in verschiedenen Bundesländern kommt.[1] Bock untersucht den Zusammenhang zwischen Unternehmensgröße und Organisation, indem er für vier Wachstumsklassen: stark schrumpfende, schwach schrumpfende, schwach wachsende und stark wachsende Unternehmen der Frage nachgeht, wie intensiv sie eine Anpassung ihrer Organisationen vornehmen. Dabei kommt er zu folgenden Ergebnissen:

1. Stark schrumpfende und stark wachsende Unternehmen führen häufiger organisatorische Änderungen durch als schwach schrumpfende bzw. wachsende Unternehmen.[2]

2. Wachsende Firmen passen sich eher durch viele kleinere organisatorische Maßnahmen an, schrumpfende Firmen führen grundlegende Änderungen durch.[3]

3. Stark wachsende und stark schrumpfende Unternehmen legen den Schwerpunkt auf quantitative Anpassungsmaßnahmen. Schwach wachsende bzw. schrumpfende Unternehmen verbessern ihre Organisation qualitativ durch Hinzuziehung von Stabsspezialisten.[4]

4. Daraus läßt sich die Schlußfolgerung ziehen, daß weniger die organisatorische Anpassung eine Voraussetzung für Unternehmenswachstum ist, als vielmehr daß Wachstum organisatorische Änderungen verlangt. Es bedarf jedoch einer Konsolidierungsphase im Entwicklungsverlauf, die durch geringe Größenänderungsraten gekennzeichnet ist, damit eine Organisation besonnen qualitativ verändert werden kann.

5. Ein Vergleich zwischen dem Einfluß von Wachstumsintensität und Unternehmensgröße auf die organisatorische Anpassung zeigt, daß das absolute Unternehmenswachstum, also das Eindringen in eine

1   Vgl. Bock, Kurt (1986), S. 97ff.
2   Vgl. Bock, Kurt (1986), S. 133f.
3   Vgl. Bock, Kurt (1986), S. 136f.
4   Vgl. Bock, Kurt (1986), S. 137f.

bestimmte Größenklasse, eine größere Bedeutung für die Organisation hat als ihre relativen Wachstumsraten.[1]

Nachdem Bock auch noch den Einfluß anderer Faktoren, wie z.B. der Branche (= Umwelt) und der Unternehmensführung, untersuchte, kommt er erstens zu dem Ergebnis, daß Wachstum und Größe einen entscheidenden Einfluß auf die Organisation und die organisatorische Anpassung ausüben. Zweitens zeigt er, daß für die Organisation und ihre Anpassung unternehmensinterne Faktoren eine stärkere Bedeutung besitzen als Faktoren der Unternehmensumwelt.[2] Dies rechtfertigt die Anwendung der Transaktionskostentheorie auf die Untersuchung der Innovationsorganisation in mittelständischen Unternehmen, da diese dem Einfluß der Unternehmensumwelt eine eher zweitrangige Bedeutung beimißt.

Wie schon geschrieben, bestimmen die Ausprägungen der Merkmale einer Transaktion: Spezialität des Transaktionsobjektes, Unsicherheit der Umwelt und Häufigkeit der Transaktion die zu wählende Abwicklungsform. Dabei wird die allgemeine Struktur dieser Abwicklungsformen durch die drei Prinzipien der Transaktionskostentheorie beschrieben. Aus diesen Prinzipien wurden wiederum die Hypothesen dieser Arbeit zur Organisation von Innovationen abgeleitet.

Diese Prinzipien und auch die Hypothesen gelten jedoch unabhängig von der Unternehmensgröße. Das bedeutet aber, daß auch in kleinen und mittleren Unternehmen die Forschungs- und Entwicklungsorganisation so strukturiert sein sollte, daß
- neue Produkte im Zentrallabor und
- verbesserte Produkte und neue Verfahren im Spartenlabor
entwickelt werden sollten.

Überträgt man diese Gesetzmäßigkeiten auf kleine und mittlere Unternehmen, so müssen ihre besonderen Charakteristika berücksichtigt werden. Kleine und mittlere Unternehmen weisen Besonderheiten

---

1 Vgl. Bock, Kurt (1986), S. 146.
2 Vgl. Bock, Kurt (1986), S. 207f.

in ihrer Organisationsstruktur und in ihren Forschungs- und Entwicklungsaktivitäten auf. Diesen Besonderheiten muß Rechnung getragen werden, wenn die transaktionskostengünstigste FuE-Organisation realisiert werden soll. Durch welche organisatorischen Regelungen dies möglich ist, wird im Anschluß an die Darstellung der spezifischen Merkmale der Organisation und der FuE-Aktivitäten kleiner und mittlerer Unternehmen erörtert.

Die Organisationsstruktur kleiner und mittlerer Unternehmen weist folgende Kennzeichen auf:[1]

1. geringe Stellenspezialisierung,
2. primär funktionale Organisationsgliederung,[2]
3. Aufgabenhäufung beim Chef,
4. personenorientierte Koordinationsinstrumente,
5. Ein-Linien-System, wenig Hierarchieebenen,
6. geringe Delegation,
7. geringe Formalisierung,
8. kaum Stabsabteilungen, zur Beantwortung spezieller Fragen werden häufig externe Berater eingesetzt.[3]

Das bedeutet für die Organisation der Forschung und Entwicklung in kleinen und mittleren Unternehmen, daß sie oft über keine eigenständige FuE-Abteilung verfügen, sondern ihre Entwicklungsarbeiten neben der laufenden betrieblichen Arbeit durchführen. Wenn für einzelne Projekte Entwicklungsgruppen zusammengestellt werden, dann verfügen die Projektleiter nur über eine eingeschränkte Entscheidungsbefugnis. Sie müssen in vielen Dingen Rücksprache mit der Geschäftsleitung nehmen, von der auch die meisten, allerdings oft zufälligen, Anstöße für Entwicklungsprojekte ausgehen.[4]

Ebenso wie die Organisationsstruktur weisen auch die Forschungsaktivitäten kleiner und mittlerer Unternehmen einige Besonderheiten auf. Dabei muß nicht näher auf die These eingegangen werden, daß

1    Vgl. Braun, G.E. (1982), S. 164-184.
2    Vgl. Feiland, Frank-Michael (1986), S. 47.
3    Vgl. Feiland, Frank-Michael (1986), S. 48.
4    Vgl. Strebel, Heinz (1979), S. 147; Köhler, Richard; Tebbe, Klaus (1985), S. 117ff.

kleine und mittlere Unternehmen über Forschungs- und Entwicklungsaktivitäten als strategische Instrumente genau so verfügen wie Großunternehmen. Sie ist ausführlich in der Arbeit von Viefers belegt.[1]

Kleine und mittlere Unternehmen betreiben selten kontinuierliche
Forschung. Sie führen einzelne Forschungsprojekte durch, die sich in
der Regel nicht mit Problemen der Grundlagenforschung beschäftigen,
sondern mit Produkt- bzw. Prozeßentwicklungen. Dabei dominieren die
Produkt- die Prozeßentwicklungen und sind mehr Weiter- als Neuentwicklungen.

Die Konzeptionen für neue Produkte werden meistens im eigenen
Unternehmen gefunden und sind marktorientiert auf die Erfüllung von
Kundenwünschen gerichtet.[2] Dabei setzen kleine und mittlere Unternehmen die Imitation bereits vorhandener Konkurrenzprodukte bewußt
ein als "Ergebnis einer systematischen Eingliederung der Informationen über externe Erkenntnisse."[3] Als Quintessenz dieser Ausführungen
sind für die Übertragung der Hypothesen dieser Arbeit die folgenden
Merkmale relevant:
1. kleine und mittlere Unternehmen verfügen über kein Zentrallabor
   und
2. kleine und mittlere Unternehmen entwickeln kaum 'neue', sondern
   eher 'verbesserte' Produkte im Sinne der Terminologie dieser Arbeit.
Wendet man darauf die Prinzipien der Transaktionskostentheorie an,
so bedeutet das einmal, daß die Spezialität der Transaktionsobjekte
nicht sehr groß ist. Daraus läßt sich die Schlußfolgerung ziehen:
1. Innovationen kleiner und mittlerer Unternehmen müssen nicht immer unternehmensintern abgewickelt werden. So können z.B. Forschungsergebnisse als Lizenz gekauft und im eigenen Unternehmen
   weiterentwickelt werden.

---

1   Vgl. Viefers, Ulrich (1986), S. 186.
2   Vgl. May, Eva (1980), S. 50, 57f, 60, 67; Stifterverband für die
    deutsche Wirtschaft (1980), S. 26; Albach, Horst (1984a), S. 113.
3   Dünhaupt, Dieter (1985), S. 32.

Wendet man desweiteren auf die Forschungsaktivitäten, die im Unternehmen durchgeführt werden, das Dekompositionsprinzip an, so bedeutet das:

2. Mittelständische Forschungsaktivitäten sollten den Organisationseinheiten zugeordnet werden, die auch die laufenden betrieblichen Aufgaben (operating activities) erfüllen.

Zu derselben Schlußfolgerung kommen auch Gaitanides und Wicher, die für kleine und mittlere Unternehmen die Integrationsstrategie empfehlen, die eine "umfassende Aktivierung und Einbindung der Organisationsmitglieder"[1] in den Innovationsprozeß vorsieht.

Die für diese Strategie geeignete Organisationsform ist die Projektorganisation.[2] So kann z.B. ein mittelständisches Unternehmen seine Prozeßinnovationsbemühungen einer Projektgruppe übertragen, die von der Fertigungsabteilung koordiniert wird. Oder es bildet für seine Produktinnovationen eine Projektgruppe, deren Koordination die Marketingabteilung übernimmt, wobei für die Markteinführungsphase empfohlen wird, daß das Projektmanagement durch einen Produktmanager abgelöst wird.[3]

Albach überprüft die Innovationsstrategie empirisch bei einem sample mittelständischer Unternehmen.[4] Dabei stellt er für erfolgreiche Unternehmen mit überdurchschnittlichen Wachstumsraten bei anhaltend hoher Umsatzrentabilität fest:

1. Die Innovationsanstöße kommen aus Kunden- und Konkurrenzbeobachtungen, d.h. die Unternehmen verfolgen eine 'Pull-Strategie'.

2. Ihre Entwicklungsbemühungen sind mehr auf die Imitation bereits vorhandener Produkte als auf die Erforschung echter Neuerungen gerichtet.

---

1 Gaitanides, Michael; Wicher, Hans (1986), S. 386, 397f.
2 Vgl. Frese, Erich (1984), S. 468f.
3 Vgl. Geschka, H. (1982), S. 114.
4 Vgl. Albach, Horst (1986a), S. 11ff.

3. Dadurch verkaufen sie an die late adopters, die den größten Anteil an der Gruppe der Nachfrager stellen, und so den erfolgreichen Unternehmen ein großes Marktvolumen und hohe Wachstumsraten ermöglichen.

4. Ständig durchgeführte Prozeßinnovationen bringen den Produktionsapparat technologisch auf ein so hohes Niveau, daß die Herstellung von Gütern zu überragender Qualität bei vertretbaren Kosten möglich wird, was den erfolgreichen Unternehmen ihre Wettbewerbsvorteile sichert.

Die organisatorische Konsequenz, die sich aus dieser Forschungsstrategie ergibt, ist die Förderung einer engen Zusammenarbeit zwischen den Abteilungen der Forschung und Entwicklung, der Fertigung und des Vertriebs. Denn nur ein enger Informationsaustausch zwischen diesen Abteilungen ermöglicht die Optimierung des "Mix von Produkt- und Verfahrensentwicklung durch effiziente Kapitalnutzung an der Grenze des technischen Fortschritts."[1] Diese enge Zusammenarbeit wird auf jeden Fall dann gewährleistet, wenn die Forschungsaktivitäten von den Organisationseinheiten ausgeführt werden, die auch mit operating activities betraut sind, wie sich aus der Anwendung des Dekompositionsprinzips ergibt.

Die Ergebnisse von Albach werden durch die Untersuchungen von Dünhaupt bestätigt, der einzelne Typen von innovierenden mittelständischen Unternehmen analysiert.[2] Diese Unternehmenstypen verfolgen unterschiedliche Innovationsstrategien, die durch folgende Merkmale charakterisiert werden können:

1. Der systemspezifische Technologieführer behauptet seine Spitzenposition in einem bestimmten Produktsegment durch ständige Neuentwicklungen. Imitationen führt er kaum durch. Folgerichtig muß er über eine eigenständige FuE-Abteilung verfügen. Da seine Innovationsimpulse weniger von Unternehmen der eigenen Branche als

---

1 Albach, Horst (1986a), S. 16.
2 Vgl. Dünhaupt, Dieter (1985), S. 32ff.

von Unternehmen verwandter Branchen und von Forschungsinstituten kommen,  wirkt sich die lockere Verbindung zwischen der For-
schungs- und der Marketingabteilung auf Grund der Trennung in
zwei Abteilungen nicht innovationshemmend aus.

2. Der generelle Technologieführer strebt für ein breiteres Produkt-
sortiment die Position des guten Zweiten an.  Als Konsequenz daraus beträgt seine Imitationsrate ca.  50 %. Anregungen für Innovationen kommen von den Entwicklungen,  die die technologischen
Führer der eigenen Branche durchführen.  Für die FuE-Organisation hat dies zur Folge,  daß sie technologieorientiert an eine
operative Abteilung angebunden werden muß,  nämlich an den
technischen Bereich,  der auch für Produktion,  Qualitätskontrolle
und Werkzeugbau zuständig ist.  Wettbewerbsvorteile erzielt ein
imitierendes Unternehmung vor allem durch eine marktgerechtere
Aufarbeitung der FuE-Ergebnisse der Innovatoren.  Deswegen stockt
dieses Unternehmen seine FuE-Mannschaft während der Markteinführungsphase eines neuen Produktes zahlenmäßig auf.

3. Der Anwendungsspezialist,  der seine Forschungs- und Entwicklungsbemühungen auf die Verbesserung seiner Produkte im Hin-
blick auf eine bessere Erfüllung der Kundenwünsche konzentriert,
weist die höchste Imitationsrate auf.  Seine Entwicklungsanregun-
gen bekommt er auf Messen,  aus Katalogen und durch Informationen seines Einkaufspersonals.  Demzufolge müssen die FuE-Mitar-
beiter eng mit den operativen Abteilungen zusammenarbeiten,  wes-
wegen sie auch keine eigenständige Abteilung bilden,  sondern mit
zum technischen Bereich gehören.

Geht man davon aus,  daß bei mittelständischen Unternehmen die
Typen des Anwendungsspezialisten und des 'besten Zweiten' vorherr-
schen,  dann kann man auf Grund der empirischen Ergebnisse von Albach und Dünhaupt kleinen und mittleren Unternehmen die Imitations-
strategie empfehlen.  Diese setzt wiederum voraus,  daß die FuE-Mitar-
beiter eng mit den Mitarbeitern des operativen Geschäftes zusammenarbeiten.  Das spricht gegen die Bildung einer abgetrennten,  eigen-

ständigen Forschungsabteilung, was sich auch aus dem Dekompositionsprinzip ableiten läßt.

Die Realisierung einer solchen Stratgie weist allerdings die Nachteile auf, daß sich die Mitarbeiter neben ihren laufenden Aufgaben nicht genügend um Innovationen kümmern können, oder daß sie auf keine neuen Ideen kommen. Im folgenden seien organisatorische Maßnahmen aufgezählt, die dazu dienen, diese Nachteile zu mildern.

1. Es wird die Stelle eines Innovationsbeauftragten geschaffen, dessen Aufgabe die ständige Suche nach Innovationsideen ist.[1]

2. Es werden Qualitätszirkel in der Fertigungsabteilung eingerichtet. Dort versuchen Mitarbeiter in gemeinsamen Besprechungen Lösungen für anstehende Probleme zu finden. Die Verantwortung für das Gelingen eines solchen Zirkels trägt ein Meister bzw. ein Abteilungsleiter.[2]

3. Für Innovationen wird ein Querschnittskoordinationssystem eingerichtet. In den einzelnen Fachabteilungen werden Mitarbeiter mit der Koordination spezifischer Innovationsaufgaben betraut zusätzlich zu ihren laufenden Aufgaben. So muß z.B. der Q-Funktionsträger der Produktionsabteilung neben seinen Fertigungsaufgaben die seine Abteilung betreffenden Innovationsaufgaben koordinieren. Und dies gilt ebenfalls für die Q-Funktionsträger der anderen Abteilungen.[3]

Die Darstellung dieser drei Organisationsformen möge genügen, um aufzuzeigen, welche Möglichkeiten es gibt, die Nachteile der Integrationsstrategie auszugleichen. Die Integrationsstrategie ist jedoch die Strategie, deren Anwendung kleinen und mittleren Unternehmen empfohlen wird.

---

1  Vgl. Strebel, Heinz u.a. (1979), S. 75.
2  Vgl. Raich, Siegfried (1986).
3  Vgl. Silber, Herwig (1986).

# F. Zusammenfassung

Da jede wissenschaftliche Arbeit den Anspruch erhebt - ob sie ihn erfüllt, ist eine zweite Frage -, den Kenntnisstand der Wissenschaft ein kleines Schrittchen voran zu bringen, seien in diesem letzten Kapitel die wichtigsten Ergebnisse dieser Arbeit zusammengefaßt. Stellt man sich den Forschungsprozeß als Kette vor, wird so die Öse erkennbar, in die weitere Forschungsarbeiten einhaken können.

Ausgehend von der Annahme, daß Innovationen wichtig für das Wachstum der Unternehmen sind, wird die Frage untersucht, wie die organisatorischen Regelungen gestaltet werden können, die die Sachaufgabe: Entwicklung und Durchführung von Innovationen am besten lösen. Dabei wird sich des transaktionskostentheoretischen Ansatzes bedient. Zwei Fallstudien ermöglichen die Erarbeitung des erforderlichen Instrumentariums, indem sie zu einer Klassifizierung der wichtigsten Informations- und Überzeugungsarten führen. Diese Informations- und Überzeugungsarten werden mit Preisen bewertet, so daß ein Kostenvergleich ihres Verzehrs bei unterschiedlichen organisatorischen Abwicklungsformen durchgeführt werden kann. Die so gewonnenen Resultate werden unterstützt durch die Auswertung von Befragungsergebnissen. Insofern reiht sich die Arbeit ein in die Menge der Arbeiten zur empirischen Organisationsforschung. Sie kann damit als weiteres Indiz dafür gewertet werden, daß sich die deutschsprachige Organisationstheorie in den letzten Jahren stärker empirisch orientiert.[1]

Die wichtigsten Antworten, die auf die Frage nach den günstigsten organisatorischen Regelungen für Innovationen gegeben werden können, sind:

1. Neue Produkte, die mit neuen Verfahren hergestellt werden, und die die Merkmale bereichsübergreifend, zukunftsweisend und risikoreich besitzen, sollten von einem Zentrallabor entwickelt wer-

---

[1] Vgl. Kubicek, Herbert (1975), S. 126.

den, denn sie benötigen zu ihrer Abwicklung eine Fülle von Informationen, die sich das Zentrallabor relativ günstig beschaffen kann, nämlich Informationen von und an die Geschäftsleitung und Informationen von externen Institutionen. Dagegen müssen für sie in geringerem Umfang Überzeugungsmaßnahmen gegenüber der Fertigung und dem Vertrieb ergriffen werden, die für ein Zentrallabor relativ teurer sind, da für neue Produkte oft ein neuer Geschäftsbereich mit neuer Fertigungs- und Vertriebsabteilung aufgemacht wird.

2. Neue Produkte, die mit bestehenden Verfahren hergestellt werden, und die eher Produktmodifikationen oder Verbesserungen darstellen, sollten von einem Spartenlabor entwickelt werden, da sie viele Informationen von den Spartenabteilungen Fertigung und Vertrieb benötigen, die sich das Spartenlabor relativ günstig beschaffen kann. Außerdem kann das Spartenlabor die Fertigungs- und Vertriebsabteilung des eigenen Geschäftsbereichs leichter überzeugen.

3. Neue Verfahren sollten in einem Zentrallabor entwickelt werden, wenn sie ganz neue Technologien benutzen. Setzen sie jedoch Technologien ein, die sich bereits in einem ausgereifteren Stadium befinden, dann sollte eine Projektgruppe zu ihrer Implementierung gebildet werden, der Mitglieder der Geschäftsführung und der Herstellerfirma angehören. Koordinieren sollte diese Projektgruppe das Spartenlabor, da es am leichtesten Informationsverbindungen zu den wichtigsten Abteilungen Fertigung und Vertrieb herstellen und diese auch am leichtesten überzeugen kann.

Außer der richtigen Positionierung der einzelnen Innovationsarten in den verschiedenen Laboratorien, ist es auch wichtig, daß zwischen diesen Entwicklungsabteilungen enge Koordinationsbeziehungen bestehen, denn es müssen Impulse hin und her gegeben werden. Neue Produkte können nur in Verbindung mit den bereits vorhandenen Produkten entwickelt werden. Zumindest wenn man beherzigt, daß erfolgreiche Unternehmen ihrem angestammten Geschäft treu bleiben sollten.

Und neue Verfahren müssen im Rahmen einer Produkt-Markt-Technologie-Kombination entwickelt werden, was eine enge Abstimmung zwischen den Abteilungen voraussetzt.

Dies wären die wichtigsten Ergebnisse dieser Arbeit. Die Öse stellen also Resultate über die transaktionskostengünstigsten Organisationen von Innovationsprozessen dar, in die eingehakt werden kann durch Weiterentwicklungen in folgende Richtungen:

1. Das Instrumentarium dieser Arbeit erlaubt nur eine Beurteilung vorgegebener unterschiedlicher Abwicklungsformen. Könnte dieses Instrumentarium so verfeinert werden, daß allgemeine Kostenfunktionen aufgestellt werden könnten, dann wäre es möglich, in einem Optimierungsmodell die kostenminimalen Organisationsstrukturen zu bestimmen.

2. Da Innovationen eine große Bedeutung für ein Unternehmen haben, ist der Abbau von Innovationswiderständen wichtig. Innovationswiderstände können im Unternehmen oder auf dem Markt auftreten. Sie können resultieren aus Widerständen, die Wirtschaftssubjekte, seien es die Mitarbeiter oder seien es die Nachfrager, Innovationen entgegensetzen, oder sie können resultieren aus Widerständen, die Regelungen, Verträge oder Gesetze als Barrieren aufbauen. Es wäre der Untersuchung wert, die einzelnen Zusammenhänge zu durchleuchten, um herauszufinden, wie diesen Widerständen begegnet werden kann.

Es möge jedoch anderen überlassen bleiben, hier Haken einzuhängen.

# ANHANG

**Tabelle A1:   Leitfaden für eine Fallstudie bei der Firma Dr.   August Oetker**

## 1.    Unternehmensstruktur

1.1.  Alter des Unternehmens
1.2.  Anzahl der Mitarbeiter
1.3.  Organisationsstruktur
1.4.  Wettbewerbsstrategie
1.5.  Entwicklung der Umsätze in den letzten 5 Jahren


## 2.    Struktur des Absatzprogramms

2.1.  Breite des Absatzprogramms
2.2.  Tiefe des Absatzprogramms
2.3.  Lebensdauer der einzelnen Produkte
2.4.  Vertriebssysteme
2.5.  Anzahl der neuen Produkte in den letzten 5 Jahren


## 3.    Organisation der Neuproduktentwicklung (Verteilung der Aufgaben, der Entscheidungskompetenzen, des Budgets)

3.1.  Leitung und Koordination der einzelnen Entwicklungsschritte
3.2.  Ideensuche, Ideenprüfung und Ideenannahme
3.3.  Entwicklung des Produkts
3.4.  Produktion des Produkts
3.5.  Test und Markteinführung

**Tabelle A2:    Leitfaden für Fallstudien bei den Firmen Gebr.  Heller Maschinenfabrik GmbH und Klöckner-Humboldt-Deutz AG**


## 1.    Unternehmensstruktur

1.1. Alter des Unternehmens
1.2. Unternehmensentwicklung (wirtschaftlich, organisatorisch) in den letzten Jahren
1.3. Produktpalette
1.4. Anzahl der Mitarbeiter
1.5. Unternehmensgrößenklasse 1985
1.6. Organisationsstruktur: funktional - divisional
1.7. Eigene Forschung und Entwicklung


## 2.    Fertigungsstruktur

2.1. Erzeugnisspektrum:
Erzeugnisse nach Kundenspezifikation - Standarderzeugnisse
2.2. Erzeugnisstruktur:
einteilig - mehrteilig
2.3. Auftragsart:
Produktion auf Bestellung - Produktion auf Lager
2.4. Fertigungsart:
Einmalfertigung - Massenfertigung
2.5. Fertigungsablaufart:
Baustellenfertigung - Fließfertigung
2.6. Fertigungsstruktur:
Fertigung mit geringer Tiefe - Fertigung mit großer Tiefe

## 3.    Beschreibung des flexiblen Fertigungssystems

3.1.  Wie groß ist der Automatisierungsgrad?
  - Art der Werkzeugmaschinen,
  - Art des Transportsystems,
  - Art des Steuerungssystems.
3.2.  Wie groß ist der Flexibilisierungsgrad?
  - Losgröße und Werkstückvarianten


## 4.    Einführung in die Organisation

4.1.  Bestehen neben dem flexiblen Fertigungssystem noch herkömmliche Produktionssysteme?
4.2.  Wie lief der Innovationsprozeß von der Ideenfindung bis zur Implementierung des flexiblen Fertigungssystems organisatorisch ab?
4.3.  Welche Form der Arbeitsorganisation wurde realisiert?
  - zentrale oder dezentrale Planung, Steuerung und Kontrolle
4.4.  Wie wurden die Mitarbeiter für die Arbeit im flexiblen Fertigungssystem motiviert und geschult?
4.5.  Wird ein Schichtbetrieb durchgeführt?

**Tabelle A3:** **Berechnung der durchschnittlichen Gewichtungskoeffizienten für die einzelnen Koordinationsvariablen aus den Antworten der Fragen 10a, b, c des Interviewleitfadens**

| a. Für neue Produkte | Ae | BMW | Bei | Bo | DB | Ka | SEL | Sie | Sü | Voi | Ø |
|---|---|---|---|---|---|---|---|---|---|---|---|
| 1. Informationen der Geschäftsleitung | 6 | 10 | 9 | 7,5 | 8 | 9 | 9,8 | 8 | 8 | 7,5 | 8,3 |
| 2. Informationen anderer Spartenlabors | 4 | 10 | 1,8 | 2,5 | 7 | 3 | 5 | 5 | 5 | 7,5 | 5,1 |
| 3. Informationen anderer Spartenabteilungen | - | - | 1,8 | 0,5 | 6,2 | 7 | 5,5 | 5 | - | 7,5 | 4,8 |
| 4. Informationen von unternehmensexternen Institutionen | 7 | 7 | 9,8 | 4,5 | 3 | 8 | 10 | 8 | 10 | 7 | 7,4 |
| 5. Koordinationsmaßnahmen innerhalb des Labors | 7 | 10 | 9,8 | 1,5 | 6 | 1 | 10 | 5 | 9,5 | 9,5 | 7 |
| 6. Informationsweitergabe an die Geschäftsleitung | 8 | 10 | 9,8 | 9,5 | 8 | 9,5 | 10 | 8 | 8 | 9,5 | 9 |
| 7. Informationsübermittlung an die Fertigung | 5 | 10 | 5,5 | 0,5 | 8,2 | 4 | 2 | 9 | 9,5 | 9,5 | 6,3 |
| 8. Informationsübermittlung an den Vertrieb | 5 | 10 | 9,8 | 3,5 | 8 | 5 | 5 | 9 | 9,5 | 7,5 | 7,2 |
| 9. Überwindung von Widerständen innerhalb des eigenen Labors | 7 | 10 | 0,5 | 4,5 | 4 | 1 | 2 | 5 | 5 | 8 | 4,7 |
| 10. Überwindung von Widerständen in der Fertigung un im Vertrieb | 5 | 10 | 8,5 | 0,5 | 6 | 6 | 2 | 7 | 6 | 7 | 5,8 |

| b. Für verbesserte Produkte | Ae | BMW | Bei | Bo | DB | Ka | SEL | Sie | Sü | Voi | Ø |
|---|---|---|---|---|---|---|---|---|---|---|---|
| 1. Informationen der Geschäftsleitung | 3 | 10 | 9 | 4,2 | 2 | 7 | 6,8 | 3 | 7 | 7 | 5,9 |
| 2. Informationen anderer Spartenlabors | 2 | 10 | 1 | 1,5 | 3,2 | 3 | 3 | 2 | 0 | 7 | 3,3 |
| 3. Informationen anderer Spartenabteilungen | – | – | 1 | 7,5 | 3,8 | 2 | 3 | 2 | – | 7 | 3,8 |
| 4. Informationen von unternehmensexternen Institutionen | 7 | 7 | 9 | 1,5 | 1 | 5 | 9,5 | 5 | 7 | 7 | 5,9 |
| 5. Koordinationsmaßnahmen innerhalb des Labors | 3 | 10 | 9,8 | 5 | 2,8 | 1 | 6,8 | 2 | 7,5 | 9,5 | 5,7 |
| 6. Informationsweitergabe an die Geschäftsleitung | 4 | 10 | 9 | 3,5 | 4,5 | 8 | 6,5 | 2 | 7 | 9,5 | 6,4 |
| 7. Informationsübermittlung an die Fertigung | 8 | 10 | 5. | 10 | 7 | 5 | 9 | 7 | 10 | 3,5 | 7,5 |
| 8. Informationsübermittlung an den Vertrieb | 8 | 10 | 9 | 10 | 7 | 9 | 9 | 7 | 10 | 3,5 | 8,3 |
| 9. Überwindung von Widerständen innerhalb des eigenen Labors | 7 | 10 | 0,5 | 4 | 4 | 1 | 2 | 2 | 3,5 | 8 | 4,2 |
| 10. Überwindung von Widerständen in der Fertigung un im Vertrieb | 8 | 10 | 8 | 8 | 5 | 6,5 | 7 | 3 | 3 | 5 | 6,4 |

| c. Für neue Verfahren | Ae | BMW | Bei | Bo | DB | Ka | SEL | Sie | Sü | Voi | Ø |
|---|---|---|---|---|---|---|---|---|---|---|---|
| 1. Informationen der Geschäftsleitung | 8 | 10 | 0,5 | 2,5 | 2 | 5 | 9 | 4 | 9,5 | 9 | 6 |
| 2. Informationen anderer Spartenlabors | – | 10 | 0,5 | 6,5 | 7 | 3 | 1,5 | 3 | 4,5 | 4 | 4,4 |
| 3. Informationen anderer Spartenabteilungen | – | – | 0,5 | 8,1 | 5 | 4 | 1 | 3 | 7,5 | 6 | 4,4 |
| 4. Informationen von unternehmensexternen Institutionen | 5 | 10 | 4,8 | 4,1 | 3 | 6,5 | 9,5 | 6 | 10 | 10 | 6,9 |
| 5. Koordinationsmaßnahmen innerhalb des Labors | 8 | 10 | 0,5 | 4,8 | 5 | 1 | 0,5 | 3 | 5,5 | 6 | 4,4 |
| 6. Informationsweitergabe an die Geschäftsleitung | 8 | 10 | 9 | 8,2 | 6 | 9 | 9 | 3 | 7,5 | 9 | 7,9 |
| 7. Informationsübermittlung an die Fertigung | 8 | – | 10 | 10 | 8 | 9 | 10 | 6 | 10 | 10 | 9 |
| 8. Informationsübermittlung an den Vertrieb | 2 | 8 | 9,5 | 3,5 | 3 | 1 | 2 | 6 | 1 | 8 | 4,4 |
| 9. Überwindung von Widerständen innerhalb des eigenen Labors | 10 | 10 | 0,5 | 3,5 | 5 | 1 | 1 | 3 | 5,7 | 2 | 4,2 |
| 10. Überwindung von Widerständen in der Fertigung un im Vertrieb | 2 | 10 | 1 | 8,2 | 5 | 4 | 2 | 4 | 5 | 7 | 4,8 |

**Tabelle A4:   Preisfestsetzung**

| Variable | Die Beschaffung der Koordinationsvariablen [1] ist für XX Unternehmen | | | | Der Preis p ist im | |
|---|---|---|---|---|---|---|
| | schwieriger im Zentrallabor | gleich schwierig | schwieriger im Spartenlabor | | Zentral-labor | Sparten-labor |
| 1. $I_L^{GL}$ | – | 5 | 5 | | 1 | 2 |
| 2. $I^{SL}$ | – | 3 | 7 | d | 1 | 2 |
| 3. $I^{SAb}$ | 2 | 2 | 4 | a r | 1 | 2 |
| 4. $I^{ex}$ | – | 5 | 5 | a u s | 1 | 2 |
| 5. $K_{oo}$ | 3 | 5 | 2 | => | 2 | 1 |
| 6. $I_{GL}^{L}$ | – | 6 | 4 | f | 1 | 2 |
| 7. $I^{F}$ | 9 | 1 | – | o l | 2 | 1 |
| 8. $I^{V}$ | 8 | 1 | 1 | g t | 2 | 1 |
| 9. $Üb^{L}$ | 3 | 6 | 1 | | 2 | 1 |
| 10. $Üb^{F,V}$ | 9 | – | 1 | | 2 | 1 |

1   Da einige Unternehmen nicht alle Vergleiche durchgeführt haben,   kann die Zeilensumme auch kleiner als 10 sein.

## Tabelle A5:  Interviewleitfaden

I. STRUKTURDATEN DES UNTERNEHMENS

1. WELCHE RECHTSFORM HAT IHR UNTERNEHMEN?

2. WELCHER BRANCHE GEHÖRT IHR UNTERNEHMEN ÜBERWIEGEND AN?

☐ Energie, Bergbau

☐ Chemie, Kunststoff, Gummi, Asbest

☐ Steine und Erden, Feinkeramik, Glas

☐ Metallerzeugung, -verformung, Stahl- und Leichtmetallbau

☐ Maschinenbau

☐ Straßenfahrzeugbau

☐ Schiffbau

☐ Elektrotechnik

☐ Feinmechanik, Optik, Uhren

☐ EBM-Waren

☐ Holz, Papier, Druck

☐ Leder, Schuhe

☐ Textil, Bekleidung

☐ Nahrungs- und Genußmittel

☐ übrige Verarbeitung

☐ Baugewerbe

☐ Handel

☐ Verkehr, Nachrichtenübermittlung

☐ Kreditinstitute, Versicherungsgewerbe

☐ sonstige Dienstleistungen

3. WIE HOCH WAREN IN DEN LETZTEN FÜNF JAHREN

|  | 1982 | 1983 | 1984 | 1985 | 1986 |
|---|---|---|---|---|---|
| a. DIE ZAHL IHRER MITARBEITER? | ___ | ___ | ___ | ___ | ___ |
| b. IHR UMSATZ? | ___ | ___ | ___ | ___ | ___ |
| c. IHRE UMSATZRENDITE? | ___ | ___ | ___ | ___ | ___ |

4. WIE HOCH WAREN IN DEN LETZTEN FÜNF JAHREN

|  | 1982 | 1983 | 1984 | 1985 | 1986 |
|---|---|---|---|---|---|
| a. IHRE FUE-AUSGABEN INSGESAMT? | ___ | ___ | ___ | ___ | ___ |
| b. DIE AUSGABEN FÜR DIE ENTWICKLUNG NEUER PRODUKTE? | ___ | ___ | ___ | ___ | ___ |
| c. DIE AUSGABEN FÜR DIE ENTWICKLUNG NEUER VERFAHREN? | ___ | ___ | ___ | ___ | ___ |

5. WIE HOCH IST DIE ANZAHL DER IN DEN LETZTEN FÜNF JAHREN NEU- BZW. WEITERENTWICKELTEN PRODUKTE?

6. WIE HOCH WAR IHR ANTEIL AM UMSATZ IN 1986?

7. IN WELCHER HÖHE KONNTEN DURCH NEUE VERFAHREN KOSTEN EINGESPART WERDEN?

8. WIE IST IHR UNTERNEHMEN ORGANISIERT?

☐ NACH FUNKTIONEN, z.B. Produktion, Vertrieb, Einkauf

☐ NACH SPARTEN (DIVISIONEN, GESCHÄFTSBEREICHE)

☐ NACH BEIDEM ALS MATRIXORGANISATION

## II. DIE ORGANISATION VON INNOVATIONEN

1a. KÖNNEN SIE BITTE EINEN KURZEN ÜBERBLICK GEBEN , WIE DIE FORSCHUNG UND ENTWICKLUNG
IN IHREM UNTERNEHMEN ORGANISIERT IST?

1b. WELCHER FORM ENTSPRICHT IHRE FUE-ORGANISATION AM EHESTEN?

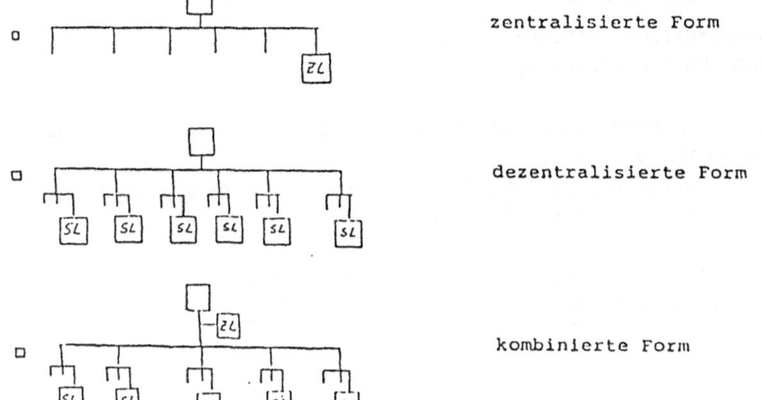


2. WO WERDEN NEUE PRODUKTE ENTWICKELT , DIE MIT BESTEHENDEN VERFAHREN HERGESTELLT
WERDEN? (VERBESSERTE PRODUKTE)

    ☐ IM ZENTRALLABOR

    ☐ IM SPARTENLABOR

3. WO WERDEN NEUE PRODUKTE ENTWICKELT , DIE NEUE VERFAHREN BENÖTIGEN?

    ☐ IM ZENTRALLABOR

    ☐ IM SPARTENLABOR

    ☐ IN EIGENEN GESCHÄFTSBEREICHEN (VENTURE TEAMS)

4. GIBT ES IN IHREM UNTERNEHMEN EINEN AUSSCHUSS FÜR NEUE PRODUKTE?

5. WELCHE STELLE BETREUT DIE EINFÜHRUNG NEUER PRODUKTIONSVERFAHREN?

    ☐ DAS ZENTRALLABOR

    ☐ DAS SPARTENLABOR

    ☐ DIE ZENTRALE FERTIGUNGSABTEILUNG

6. LASSEN SIE AUCH FORSCHUNGS - UND ENTWICKLUNGSARBEITEN VON EXTERNEN FORSCHUNGSINSTITUTEN DURCHFÜHREN?

7 a. WIE ERFOLGT DIE KOORDINATION ZWISCHEN DEM ZENTRALLABOR UND DEN SPARTENLABORS?

  b. WIE ERFOLGT DIE KOORDINATION ZWISCHEN DEM ZENTRALLABOR UND DER FERTIGUNGSABTEILUNG UND DEM VERTRIEB?

8 a. HABEN SIE FÜR IHR UNTERNEHMEN UNTERSCHIEDE ZWISCHEN DEN ZIELEN DES ZENTRALLABORS UND DER SPARTENLABORS FESTGESTELLT?

  b. HABEN SIE FÜR IHR UNTERNEHMEN UNTERSCHIEDE ZWISCHEN DEN ZIELEN DES ZENTRALLABORS UND DEN ZIELEN DER FERTIGUNG UND DES VERTIEBS FESTGESTELLT?

9. WENN JA, ERWUCHSEN AUS DIESEN ZIELDIVERGENZEN WIDERSTÄNDE GEGEN DIE ÜBERNAHME NEUER PRODUKTE, BZW. NEUER VERFAHREN?

10. WELCHE BEDEUTUNG HABEN DIE FOLGENDEN FAKTOREN

    a. BEI DER ENTWICKLUNG NEUER PRODUKTE, DIE NEUE VERFAHREN BENÖTIGEN

1. INFORMATIONEN DER GESCHÄFTSLEITUNG

    0         5         10

2. INFORMATIONEN ANDERER SPARTENLABORS

    0         5         10

3. INFORMATIONEN VON ANDEREN SPARTENABTEILUNGEN

    0         5         10

4. INFORMATIONEN VON UNTERNEHMENSEXTERNEN
   INSTITUTIONEN

    0         5         10

5. KOORDINATIONSMASSNAHMEN INNERHALB
   DES LABORS

    0         5         10

6. INFORMATIONSWEITERGABE AN DIE
   GESCHÄFTSLEITUNG

    0         5         10

7. INFORMATIONSÜBERMITTLUNG
   AN DIE FERTIGUNG

    0         5         10

8. INFORMATIONSÜBERMITTLUNG
   AN DEN VERTRIEB

    0         5         10

9. ÜBERWINDUNG VON WIDERSTÄNDEN
   INNERHALB DES EIGENEN LABORS

    0         5         10

10. ÜBERWINDUNG VON WIDERSTÄNDEN
    IN DER FERTIGUNG UND IM VERTRIEB

    0         5         10

   0:= GERINGE BEDEUTUNG

   5:= MITTLERE BEDEUTUNG

  10:= HOHE BEDEUTUNG

b. BEI DER ENTWICKLUNG NEUER PRODUKTE, DIE MIT BEREITS ANGEWANDTEN VERFAHREN
DURCHGEFÜHRT WERDEN KÖNNEN? (VERBESSERTE PRODUKTE)

1. INFORMATIONEN DER GESCHÄFTSLEITUNG

2. INFORMATIONEN ANDERER SPARTENLABORS

3. INFORMATIONEN VON ANDEREN SPARTENABTEILUNGEN

4. INFORMATIONEN VON UNTERNEHMENSEXTERNEN
INSTITUTIONEN

5. KOORDINATIONSMASSNAHMEN INNERHALB
DES LABORS

6. INFORMATIONSWEITERGABE AN DIE
GESCHÄFTSLEITUNG

7. INFORMATIONSÜBERMITTLUNG
AN DIE FERTIGUNG.

8. INFORMATIONSÜBERMITTLUNG
AN DEN VERTRIEB

9. ÜBERWINDUNG VON WIDERSTÄNDEN
INNERHALB DES EIGENEN LABORS

10. ÜBERWINDUNG VON WIDERSTÄNDEN
IN DER FERTIGUNG UND IM VERTRIEB

c. BEI DER ENTWICKLUNG NEUER VERFAHREN:

1. INFORMATIONEN DER GESCHÄFTSLEITUNG

    0     5     10

2. INFORMATIONEN ANDERER SPARTENLABORS

    0     5     10

3. INFORMATIONEN VON ANDEREN SPARTENABTEILUNGEN

    0     5     10

4. INFORMATIONEN VON UNTERNEHMENSEXTERNEN
   INSTITUTIONEN

    0     5     10

5. KOORDINATIONSMASSNAHMEN INNERHALB
   DES LABORS

    0     5     10

6. INFORMATIONSWEITERGABE AN DIE
   GESCHÄFTSLEITUNG

    0     5     10

7. INFORMATIONSÜBERMITTLUNG
   AN DIE FERTIGUNG.

    0     5     10

8. INFORMATIONSÜBERMITTLUNG
   AN DEN VERTRIEB

    0     5     10

9. ÜBERWINDUNG VON WIDERSTÄNDEN
   INNERHALB DES EIGENEN LABORS

    0     5     10

10. ÜBERWINDUNG VON WIDERSTÄNDEN
    IN DER FERTIGUNG UND IM VERTRIEB

    0     5     10

11 a. FÜR WELCHES LABOR IST DIE BESCHAFFUNG DER FOGENDEN FAKTOREN
SCHWIERIGER, TEURER?

|  | ZENTRALLABOR | SPARTENLABOR |
|---|---|---|
| 1. INFORMATIONEN VON DER GESCHÄFTSLEITUNG | | |
| 2. INFORMATIONEN VON ANDEREN SPARTENLABORS | | |
| 3. INFORMATIONEN VON ANDEREN SPARTENABTEILUNGEN | | |
| 4. INFORMATIONEN VON UNTERNEHMENSEXTERNEN INSTITUTIONEN | | |
| 5. DIE KOORDINATION INNERHALB DES LABORS | | |
| 6. INFORMATIONSÜBERMITTLUNG AN DIE GESCHÄFTSLEITUNG | | |
| 7. INFORMATIONSÜBERMITTLUNG AN DIE FERTIGUNG | | |
| 8. INFORMATIONSÜBERMITTLUNG AN DEN VERTRIEB | | |
| 9. ÜBERWINDUNG VON WIDERSTÄNDEN INNERHALB DES EIGENEN LABORS | | |
| 10. ÜBERWINDUNG VON WIDERSTÄNDEN IN DER FERTIGUNG UND IM VERTRIEB | | |

11 b. FÜR WELCHE ABTEILUNG IST DIE BESCHAFFUNG DER FOLGENDEN FAKTOREN
     SCHWIERIGER, TEURER?

ZENTRALLABOR | FERTIGUNG, VERTRIEB

1. INFORMATIONEN VON DER GESCHÄFTSLEITUNG

2. INFORMATIONEN VON ANDEREN
   SPARTENLABORS

3. INFORMATIONEN VON ANDEREN
   SPARTENABTEILUNGEN

4. INFORMATIONEN VON
   UNTERNEHMENSEXTERNEN INSTITUTIONEN

5. DIE KOORDINATION
   INNERHALB DES LABORS

6. INFORMATIONSÜBERMITTLUNG AN DIE
   GESCHÄFTSLEITUNG

7. INFORMATIONSÜBERMITTLUNG AN DIE
   FERTIGUNG

8. INFORMATIONSÜBERMITTLUNG
   AN DEN VERTRIEB

9. ÜBERWINDUNG VON WIDERSTÄNDEN
   INNERHALB DES EIGENEN LABORS

10. ÜBERWINDUNG VON WIDERSTÄNDEN
    IN DER FERTIGUNG UND IM VERTRIEB

12. HABEN DIESE WIDERSTÄNDE

    □ ZU EINER VERLÄNGERUNG DES INNOVATIONSPROZESSES GEFUHRT ?

    □ ZU EINER REDUZIERUNG DER ERWARTETEN INNOVATIONSERTRÄGE GEFUHRT ?

13. WIE WIRD DAS BUDGET FÜR DAS ZENRALLABOR FESTGELEGT ?

14. WIE ERFOLGT HAUPTSÄCHLICH DIE KOORDINATION ZWISCHEN DEN BETEILIGTEN STELLEN
DES INNOVATIONSPROZESSES ?

    □ IN REGELMÄSSIGEN KOMMISSIONSSITZUNGEN

    □ IN ARBEITSGRUPPEN

    □ UNREGELMÄSSIG ZWISCHEN DEN EINZELNEN MITARBEITERN DER LABORS

    □ UBER DIE GESCHÄFTSLEITUNG

    □ UBERHAUPT NICHT

15. WO WERDEN DIE PRODUKTE, DIE IM ZENTRALLABOR ENTWICKELT WERDEN, GEFERTIGT ?

    □ IN BESTEHENDEN SPARTEN
    □ IN NEUEN SPARTEN
    □ IN DER FERTIGUNGSABTEILUNG
    □ VON FREMDEN UNTERNEHMEN

16. WELCHE FAKTOREN BESTIMMEN DIE ZUORDNUNG EINES NEUEN PRODUKTS ZU EINER SPARTE ?

    □ FREIE KAPAZITÄT
    □ VORHANDENES KNOW HOW
    □ ANDERE GRÜNDE

17. WIE HOCH WAR DIE ANZAHL NEUER MITARBEITER, DIE SIE FÜR IHRE NEUESTE ENTWICKLUNG
EINGESTELLT HABEN ?

18. HABEN SIE IHRE MITARBEITER FÜR DIE NEUEN VERFAHREN GESCHULT ?

19. WIE LANGE DAUERTE DIE SCHULUNG ?

20 a. PLANEN SIE EINE ÄNDERUNG IHRER FuE - ORGANISATION ?

    b. WENN JA, IN WELCHER FORM UND WARUM ?

# LITERATURVERZEICHNIS

Adam, Dietrich (1974): Produktions- und Kostentheorie bei Beschäftigungsgradänderungen, Tübingen

Albach, Horst (1959): Zur Theorie der Unternehmensorganisation, in: Zeitschrift für handelswissenschaftliche Forschung, Jg. 11, S. 238-259

Albach, Horst (1965): Der Einfluß von Forschung und Entwicklung auf das Unternehmenswachstum, in: Liiketaloudellinen Aikakanskirja (The Journal of Business Economics), Jg. 14, S. 111-140

Albach, Horst (1970): Informationsgewinnung durch strukturierte Gruppenbefragung, in: Zeitschrift für Betriebswirtschaft, Ergänzungsheft, Jg. 40, S. 11-26

Albach, Horst (1975): Investitionstheorie, Köln

Albach, Horst (1981): The Nature of the Firm - A Production Theoretical Viewpoint, in: Zeitschrift für die gesamte Staatswissenschaft, Jg. 137, S. 717-722

Albach, Horst (1982): Organisations- und Personaltheorie, in: Koch, Helmut (Hrsg.): Neue Entwicklungen in der Unternehmenstheorie, Wiesbaden 1982

Albach, Horst (1983): Innovationen für Wirtschaftswachstum und internationale Wettbewerbsfähigkeit, in: Technische Innovationen und Wirtschaftskraft, hrsg. von der Rheinisch-Westfälischen Akademie der Wissenschaften, Düsseldorf, S. 9-52

Albach, Horst (1984a): Die Rolle des Schumpeter-Unternehmers heute, mit besonderer Berücksichtigung der Innovationsdynamik in der mittelständischen Industrie in Deutschland, in: Albach, Horst: Im Spannungsfeld von Unternehmenstheorie und Unternehmenspolitik, Bonn

Albach, Horst (1984b): Hierarchische und laterale Koordination wirtschaftlicher Aktivitäten im Unternehmen, Vortrag gehalten anläßlich der Begehung des Sonderforschungsbereiches 303 am 4.6.1984 an der Universität Bonn

Albach, Horst (1985): Von Präzision besessen, in: Wirtschaftswoche Nr. 43, S. 92-100

Albach, Horst (1986a): Innovation und Imitation als Produktionsfaktoren, in: Bombach, Gottfried; Gahlen, Bernhard; Ott, Alfred E.: Technologischer Wandel - Analyse und Fakten, Schriftenreihe des wirtschaftswissenschaftlichen Seminars Ottobeuren, Tübingen

Albach, Horst (1986b): Vorlesungsskript Organisation der Wissenschaftlichen Hochschule für Unternehmensführung, Koblenz

Albach, Horst (1987): Investitionspolitik erfolgreicher Unternehmen, in: Zeitschrift für Betriebswirtschaft, Jg. 57, S. 636-661

Albach, H.; Busse von Colbe, W.; Sabel, H.; Vaubel, L: (Hrsg.) (1977): Mitarbeiterführung, USW-Schriften für Führungskräfte, Bd. 9, Wiesbaden

Beiersdorf AG (1987): Bericht über das Geschäftsjahr 1986, Hamburg

Berthold, Klaus (1969): Die Grundlagenforschung industrieller Großunternehmen in der Bundesrepublik Deutschland, Berlin

Biehl, Werner (1981): Bestimmungsgründe der Innovationsbereitschaft und des Innovationserfolges, Berlin

Bock, Kurt (1986): Unternehmenserfolg und Organisation, Diss., Bonn

Braun, G.E. (1982): Organisation, in: Pfohl, H.C. (Hrsg.): Betriebswirtschaftslehre der Mittel- und Kleinbetriebe, Berlin

Brockhoff, Klaus (1966): Unternehmenswachstum und Sortimentsänderung, in: Schriften des Instituts für Gesellschafts- und Wirtschaftswissenschaften der Universität Bonn, Nr. 5, Köln, Opladen

Brockhoff, Klaus (1981): Produktpolitik, Stuttgart, New York

Brockhoff, Klaus (1985): Abstimmungsprobleme von Marketing- und Technologiepolitik, in: Die Betriebswirtschaft, Jg. 45, S. 621-746

Budäus, Dietrich; Dobler, Christian (1977): Theoretische Konzepte und Kriterien zur Beurteilung der Effektivität von Organisationen, in: Management International Review, Vol. 17, S. 61-75

Budde, Ramona (1982): Marktinnovationen von Universalbanken, Diss., Bonn

Bühner, Rolf (1986): Arbeitseinsatz und Arbeitsstrukturierung in flexiblen Fertigungssystemen (FFS), in: Das Wirtschaftsstudium, Heft 2, S. 69-74

Bühner, Rolf (1987): Strategisches Personalmanagement für neue Produktionstechnologien, in: Betriebswirtschaftliche Forschung und Praxis, Heft 3, S. 249-265

Burns, Tom; Stalker, G.M. (1961): The Management of Innovation, London

Chandler, Alfred D. jr. (1962): Strategy and Structure, Cambridge, London

Coase, R.H. (1937): The Nature of the Firm, in: Economica, Vol. 4, S. 386-405

Commes, Max-Theodor; Lienert, Richard (1983): Controlling im FuE-Bereich, in: Zeitschrift für Organisation, Heft 7, S. 347-354

Dolezalek, C.M.; Ropohl, G. (1970): Flexible Fertigungssysteme - die Zukunft der Fertigungstechnik, in: wt - Zeitschrift für industrielle Fertigung, Jg. 60, S. 446-451

Dostal, Werner; Kamp, August-Wilhelm; Lahner, Manfred; Seessle, Werner Peter (1982): Flexible Fertigungssysteme und Arbeitsplatzstrukturen, Mitteilungen aus der Arbeitsmarkt- und Berufsforschung, Jg. 15, Nr. 2

Dünhaupt, Dieter (1985): Innovationsstrategien mittelständischer Unternehmen, Diplomarbeit, Bonn

Encarnação, J. u.a. (1984): CAD-Handbuch, Berlin, Heidelberg, New York, Tokio

Feiland, Frank-Michael (1986): Strategien erfolgreicher mittelständischer Unternehmen, ifm-Materialien Nr. 42, Bonn

Frese, Erich (1984): Grundlagen der Organisation, Wiesbaden

Gaitanides, Michael; Wicher, Hans (1986): Strategien und Strukturen innovationsfähiger Organisationen, in: Zeitschrift für Betriebswirtschaft, Jg. 56, S. 385-403

Geschka, H. (1982): Innovationsmanagement, in: Pfohl, Hans-Christian (Hrsg.): Betriebswirtschaftslehre der Mittel- und Kleinbetriebe, Berlin, S. 107-122

Grayson, Robert A. (1970): If you want new products, you better organize to get them, in: Phelps, Maynard D. (Hrsg.): Product Management, Homewood, Illinois, S. 41-50

Gutenberg, Erich (1962): Unternehmensführung, Wiesbaden

Gutenberg, Erich (1966): Grundlagen der Betriebswirtschaftslehre, 2. Band: Der Absatz, 9. Aufl., Berlin, Heidelberg, New York

Gutenberg, Erich (1967): Grundlagen der Betriebswirtschaftslehre, 1. Band: Die Produktion, 13. Aufl., Berlin, Heidelberg, New York

Hage, Jerald; Aiken, Michael (1970): Social Change in Complex Organization, New York

Hartung, Joachim (1984): Statistik, München

Hirzel, Matthias (1986): Wenn ein Team "innovationsfreudig" ist..., muß es noch "änderungsfähig" werden, in: io Management-Zeitschrift, Jg. 55, S. 505-507

Hoffmann, F. (1976): Grundlagen der Organisationsforschung, Wiesbaden

Honrath, Kurt; Herrmann, Peter; Schmidt, Joachim (1986): Flexible Fertigungssysteme in der Serienfertigung, in: Zeitschrift für Betriebswirtschaft, Ergänzungsheft Nr. 1, S. 181-198

Hunsdiek, Detlef: Unternehmensgründung als Folgeinnovation, Schriften zur Mittelstandsforschung, Nr. 16 NF, Stuttgart 1987

Jahoda, Maria; Deutsch, Morton; Cook, Stuart W. (1974): Die Technik der Auswertung: Analyse und Interpretation, in: König, René (Hrsg.): Das Interview, Köln, S. 271-289

Johnson, Samuel C.; Jones, Conrad (1957): How to organize for new products, in: Harvard Business Review, Vol. 35, S. 49-62

Junghanns, Wolfgang (1986): Ausbau vorhandener Bearbeitungszentren zu flexiblen Fertigungszellen bzw. flexiblen Fertigungssystemen, in: Zeitschrift für Betriebswirtschaft, Ergänzungsheft Nr. 1, S. 161-179

Katz, Daniel (1974): Die Ausdeutung der Ergebnisse: Probleme und Gefahren, in: König, René (Hrsg.): Das Interview, Köln, S. 319-331

Kayser, Gunter (1986): Definitorische Ansätze zur Klärung des Begriffs 'kleine und mittlere Unternehmen', in: Bundesministerium für Wirtschaft (Hrsg.): Unternehmensgrößenstatistik 1985, Daten und Fakten, Bonn, S. 4-20

Kieser, Alfred (1970): Unternehmungswachstum und Produktinnovation, Berlin

Kieser, Alfred (1974): Der Einfluß der Umwelt auf die Organisationsstruktur der Unternehmung, in: Zeitschrift für Organisation, Jg. 43, S. 303-313

Kieser, Alfred (1983): Konflikte zwischen organisatorischen Einheiten, in: Wirtschaftswissenschaftliches Studium, Heft 9, S. 443-448

Kieser, Alfred; Kubicek, Herbert (1977): Organisation, Berlin, New York

Kieser, Alfred; Kubicek, Herbert (1978): Organisationstheorien I und II, Stuttgart, Berlin, Köln, Mainz

Köhler, Richard; Tebbe, Klaus (1985): Die Organisation von Produktinnovationsprozessen, Bericht für das gleichnamige vom Minister für Wissenschaft und Forschung des Landes Nordrhein-Westfalen geförderte Projekt, Köln

Kotler, Philip (1974): Marketing-Management, Stuttgart

Kreikebaum, Hartmut (1987): Strategische Unternehmensplanung, Stuttgart, Berlin, Köln, Mainz

Kubicek, Herbert (1975): Empirische Organisationsforschung, Stuttgart

Lawrence, Paul R.; Lorsch, Jay W. (1967): Differentiation and Integration in Complex Organizations, in: Administrative Science Quarterly, Vol. 12, S. 1-49

Lawrence, Paul R.; Lorsch, Jay W. (1969): Organization and Environment, Homewood, Illinois

Lutz, Burkart (1982): Personalstrukturen bei automatisierter Fertigung, in: Lutz, B.; Schultz-Wild, F. (Hrsg.): Flexible Fertigungssysteme und Personalwirtschaft: Erfahrungen aus Frankreich, Japan, USA und der Bundesrepublik Deutschland, Frankfurt/Main, New York, S. 85-101

Maccoby, Eleanor E.; Maccoby, Nathan (1974): Das Interview: Ein Werkzeug der Sozialforschung, in: König, René (Hrsg.): Das Interview, Köln, S. 37-85

Manske, F.; Wobbe-Ohlenburg, W. (1984): Rechnerunterstützte Systeme der Fertigungssteuerung in der Kleinserienfertigung - Auswirkungen auf die Arbeitssituation und Ansatzpunkte für eine menschengerechte Arbeitsgestaltung, Forschungsbericht KfK-PFT 90, Karlsruhe

March, James G.; Simon, Herbert A. (1976): Organisation und Individuum, Wiesbaden

May, Eva (1980): Forschungs- und Entwicklungsaktivitäten kleiner und mittlerer Unternehmen, Informationen zur Mittelstandsforschung Nr. 48, Bonn

Meffert, Heribert (1976): Die Durchsetzung von Innovationen in der Unternehmung und im Markt, in: Zeitschrift für Betriebswirtschaft, Jg. 46, S. 75-100

Mensch, Gerhard (1976): Gemischtwirtschaftliche Innovationspraxis, Göttingen

Mertins, K. (1985): Entwicklungsstand flexibler Fertigungssysteme - Linien-, Netz- und Zellenstrukturen, in: Zeitschrift für wirtschaftliche Fertigung, Jg. 80, S. 249-264

Michaelis, Elke (1985): Organisation unternehmerischer Aufgaben, Transaktionskosten als Beurteilungskriterium, Frankfurt/Main

Müller-Pleuss, Joseph H. (1980): Die Organisation der KHD-Gruppe, in: Zeitschrift für Organisation, Heft 8, S. 462-470

Nathusius, Klaus (1979a): Grundansatz und Formen des Venture Managements, in: Zeitschrift für betriebswirtschaftliche Forschung, Nr. 31, S. 507-526

Nathusius, Klaus (1979b): Venture Management, Berlin

Pay, Diana de (1987): Zur Organisation von Innovationen, Discussion Paper No. D-15 des SFB 303, Bonn

Peters, Thomas J.; Waterman, Robert H. jr. (1983): Auf der Suche nach Spitzenleistungen, Landsberg am Lech

Picot, Arnold (1982): Transaktionskostenansatz in der Organisationstheorie: Stand der Diskussion und Aussagewert, in: Die Betriebswirtschaft, Jg. 42, S. 175-328

Poensgen, Otto H. (1973): Geschäftsbereichsorganisation, Opladen

Pravda, Gisela (1985): Einfluß neuer Technologien auf die Weiterbil-
dung im kaufmännischen Bereich, in: Berufsbildung in Wissenschaft und Praxis, Heft 2, S. 55-58

Raich, Siegfried (1986): Qualitätszirkel als Konsequenz moderner Füh-
rung, in: io Management-Zeitschrift, Jg. 55, S. 495-497

Reinöhl, Eberhard (1981): Probleme der Produkteliminierung, Diss.,
Bonn

Rettberg, Ralf (1984): Launch-Strategien, dargestellt an schnell um-
schlagenden Konsumgütern aus dem "Dr.-Oetker"-Bereich, Diplomarbeit Fachhochschule Hagen, Hagen

Rieser, Ignaz (1986): Produktinnovation, in: Die Unternehmung, Jg.
40, S. 323-329

Rubenstein, Albert H. (1962): The constraints of dezentralization, in:
Chemical Engineering Progress, Vol. 28, S. 11-15

Rubenstein, Albert H. (1964): Organizational Factors Affecting Re-
search and Development Decision-Making in Large Dezentralized
Companies, in: Management Science, Vol. 10, S. 618-633

Sadowski, Dieter (1980): Berufliche Bildung und betriebliches Bil-
dungsbudget, Stuttgart

Schätzle, Gerhard (1965): Forschung und Entwicklung als unternehmerische Aufgabe, Köln, Opladen

Schelker, Thomas (1978): Methodik der Produkt-Innovation, Betriebswirtschaftliche Mitteilungen 68, Bern

Schmalholz, H. (1985): Innovation: Zukunftssicherung der Unternehmen, in: IfO-Schnelldienst, Heft 19, Jg. 38, S. 8-13

Schmalholz, H. (1986): Innovationen als Wachstumsmotor, in: IfO-
Schnelldienst, Heft 6, Jg. 39, S. 5-10

Schmitz, Rudolf (1988): Kapitaleigentum, Unternehmensführung und interne Organisation, Diss., Bonn

Schreyögg, Georg (1978): Umwelt, Technologie und Organisationsstruktur, Bern, Stuttgart

Schumann, Jochen (1980): Grundzüge der mikroökonomischen Theorie,
Berlin, Heidelberg, New York

Schwetlick, Wolfgang (1971): Forschung und Entwicklung in der Organisation industrieller Unternehmen, Berlin, Bielefeld, München

Scott, Richard W. (1978): Theoretical perspectives, in: Meyer, Marshall W. and Associates: Environments and Organizations, San Francisco, Washington, London

Silber, Herwig (1986): Innovation durch Querschnittskoordination, in: Zeitschrift für Organisation, Heft 4, S. 243-251

Steinhilper, Rolf (1984): Planung und Einführung flexibler Fertigungssysteme, in: tz für Metallbearbeitung, Heft 9, S. 11-16

Stifterverband für die Deutsche Wissenschaft (1980): FuE in der Wirtschaft, Essen

Strebel, Heinz (1978): Scoring-Modelle im Lichte neuer Gesichtspunkte zur Konstruktion praxisorientierter Entscheidungsmodelle, in: Der Betrieb, Heft 46, S. 2181-2186

Strebel, Heinz; Frenzel, Hans-Joachim; Silber, Herwig; Steinhoff, Dirk (1979): Innovation und ihre Organisation in der mittelständischen Industrie - Ergebnisse einer empirischen Untersuchung, Berlin

Stute, G. (1974): Flexible Fertigungssysteme, in: wt - Zeitschrift für industrielle Fertigung, Jg. 64, S. 147-156

Syska, Andreas; Förster, Hans-Ulrich (1985): Rechnerintegrierte Produktion, fir-Mitteilungen, hrsg. vom Forschungsinstitut für Rationalisierung an der Rheinisch-Westfälischen Technischen Hochschule Aachen, Aachen

The Conference Board (Hrsg.) (1966): Organization for New-Product Development, New York

Thom, Norbert (1980): Grundlagen des betrieblichen Innovationsmanagements, Königstein

Thom, Norbert (1983): Innovations-Management, in: Zeitschrift für Organisation, Jg. 52, S. 4-11

Utterback, James M.; Abernathy, William (1975): A Dynamic Modell of Process and Product Innovation, in: OMEGA, The Journal of Management Science, Vol. 3, S. 639-656

VDI-Gemeinschaftsausschuß Produktplanung (1976): Systematische Produktplanung - ein Mittel zur Unternehmenssicherung, Düsseldorf

Viefers, Ulrich (1986): Forschungs- und Entwicklungsaktivitäten und Unternehmensgröße, Diss., Bonn

Weber, Hans-Josef (1979): Produktionstechnik und -verfahren, in: Kern, Werner (Hrsg.): Handwörterbuch der Produktionswirtschaft, Stuttgart, Sp. 1608

- 179 -

Weimer, Theodor (1987): Koordinationskostentheorie und Koordinations-
    kostenrechnung, unveröfftl. Manuskript des Sonderforschungsbe-
    reiches 303, Teilprojekt D, Bonn

Wicher, Hans (1987): Strukturen organisationaler Innovationen, in:
    Die Unternehmung, Jg. 41, S. 285-305

Wildemann, Horst (1986a): Strategische Investitionsplanung für neue
    Technologien in der Produktion, in: Zeitschrift für Betriebswirt-
    schaft, Ergänzungsheft Nr. 1, S. 1-48

Wildemann, Horst (1986b): Einführungsstrategien für neue Produk-
    tionstechnologien - dargestellt an CAD/CAM-Systemen und Fle-
    xiblen Fertigungssystemen, in: Zeitschrift für Betriebswirt-
    schaft, Jg. 56, S. 337-369

Williamson, Oliver E. (1981a): The Economics of Organization: The
    Transaction Cost Approach, in: American Journal of Sociology,
    Vol. 87, S. 553-576

Williamson, Oliver E. (1981b): The Modern Corporation: Origins,
    Evolution, Attributs, in: Journal of Economic Literature, Vol.
    XIX, S. 1537-1568

Wilson, James Q. (1966): Innovation in Organizations. Notes toward a
    Theory, in: Thompson, James D. (Hrsg.): Approaches to Organi-
    zational Design, Pittsburgh, S. 193-218

Wind, Yoram J. (1982): Product Policy: Concepts, Methods and Strate-
    gy Reading, Massachusetts u.a.

Windsperger, Josef (1983): Transaktionskosten in der Theorie der Fir-
    ma, in: Zeitschrift für Betriebswirtschaft, Jg. 53, S. 889-901

Witte, Eberhard (1973): Organisation für Innovationsentscheidungen,
    Göttingen

Zaltman, Gerald; Duncan, Robert; Holbek, Jonny (1973): Innovations
    and Organizations, New York, London, Sydney, Toronto

# neue betriebswirtschaftliche forschung

Unter diesem Leitwort gibt GABLER jungen Wissenschaftlern die Möglichkeit, wichtige Arbeiten auf dem Gebiet der Betriebswirtschaftslehre in Buchform zu veröffentlichen. Dem interessierten Leser werden damit Monographien vorgestellt, die dem neuesten Stand der wissenschaftlichen Forschung entsprechen.

*Fortsetzung von S. II*

Band 33 Dr. Mark Ebers
**Organisationskultur:
Eine neues Forschungsprogramm?**

Band 34 Dr. Axel v. Werder
**Organisationsstruktur
und Rechtsnorm**

Band 35 Dr. Thomas Fischer
**Entscheidungskriterien für
Gläubiger**

Band 36 Privatdozent Dr. Günter Müller
**Strategische Suchfeldanalyse**

Band 37 Prof. Dr. Reinhard H. Schmidt
**Modelle in der Betriebswirtschaftslehre**

Band 38 Privatdozent Dr. Bernd Jahnke
**Betriebliches Recycling**

Band 39 Dr. Angela Müller
**Produktionsplanung und Pufferbildung
bei Werkstattfertigung**

Band 40 Dr. Rudolf Münzinger
**Bilanzrechtsprechung der Zivil-
und Strafgerichte**

Band 41 Dr. Annette Hackmann
**Unternehmensbewertung und Rechtsprechung**

Band 42 Dr. Kurt Vikas
**Controlling im Dienstleistungsbereich
mit Grenzplankostenrechnung**

Band 43 Dr. Bernd Venohr
**„Marktgesetze" und strategische
Unternehmensführung**

Band 44 Dr. Hans-Dieter Krönung
**Kostenrechnung und Unsicherheit**

Band 45 Dr. Theodor Weimer
**Das Substitutionsgesetz der Organisation**

Band 46 Dr. Hans-Joachim Böcking
**Bilanzrechtstheorie und Verzinslichkeit**

Band 47 Dr. Ulrich Frank
**Expertensysteme: Neue Automatisierungspotentiale
im Büro- und Verwaltungsbereich?**

Band 48 Dr. Bernhard Heni
**Konkursabwicklungsprüfung**

Band 49 Dr. Rudolf Schmitz
**Kapitaleigentum, Unternehmensführung
und interne Organisation**

Band 50 Dr. Ralf Michael Ebeling
**Beteiligungsfinanzierung personenbezogener
Unternehmungen. Aktien und Genußscheine**

Band 51 Dr. Diana de Pay
**Die Organisation von Innovationen. Ein
transaktionskostentheoretischer Ansatz**